AF422060

Douglas Vanzin

Planejar para Aprender Química

Propostas de Planos de Aula para o Ensino Médio

Clube de Autores Publicações

Planejar para Aprender Química

Propostas de Planos de Aula para o Ensino Médio

1ª edição

Douglas Vanzin

Planejar para Aprender Química: Propostas de Planos de Aula para o Ensino Médio

2024   Douglas Vanzin

1ª edição – 2024
ISBN nº 978-65-01-00646-8

Clube de Autores Publicações

Dados Internacionais de Catalogação na Publicação (CIP)
(Câmara Brasileira do Livro, SP, Brasil)

Vanzin, Douglas
   Planejar para aprender química : propostas de planos de aula para o ensino médio / Douglas Vanzin. -- 1. ed. -- Pitanga, PR : Ed. do Autor, 2024.

   Bibliografia.
   ISBN 978-65-01-00646-8

   1. Planos de aula 2. Química (Ensino médio) I. Título.

24-204037   CDD-540.7

Índices para catálogo sistemático:

1. Química : Ensino médio   540.7

Tábata Alves da Silva - Bibliotecária - CRB-8/9253

SOBRE O AUTOR

Douglas Vanzin é Licenciado e Mestre em Química pela Universidade Estadual de Maringá (UEM), na área de Físico-Química e Química Computacional. Com experiência educacional diversificada, atuou como professor de Química, Física, Robótica e Pensamento Computacional nas escolas públicas do Estado do Paraná e como professor assistente nos Departamentos de Química e de Tecnologia da Universidade Estadual de Maringá. Atualmente é docente de Química do Ensino Básico, Técnico e Tecnológico no Instituto Federal do Paraná (IFPR) em cursos técnicos e superiores.

*Agradeço à minha esposa Erika e meu amigo
Prof. Gustavo Braga pelas dicas e contribuições
nos planos e prévias das aulas*

PREFÁCIO

Uma boa aula depende de diversas variáveis, algumas controláveis, outras não. Por melhor que seja sua formação, conhecimento, habilidades didáticas, capacidade de resposta e improviso, uma aula sem planejamento tem muitas chances de não atingir os objetivos desejados e de não ter a relevância esperada para os estudantes.

Para ter sucesso no fazer pedagógico é preciso planejar! O planejamento da aula vai muito além de elencar e estudar conteúdos para explicá-los aos alunos. Planejar é refletir abordagens, metodologias, pensar no público alvo, nas condições e materiais disponíveis para o trabalho, considerar o contexto em que a escola e comunidade estão inseridas, propor atividades adequadas ao público, tempo, abordagens, processo avaliativo etc.

Este livro traz alguns elementos importantes para estruturar um plano de aula, iniciando com as discussões de alguns pesquisadores da área de ensino, cujas recomendações para elaborar um bom plano são importantes e deveriam ser sempre levadas em conta no trabalho pedagógico ao longo da carreira docente.

Na sequência, são apresentadas cinco propostas de planos de aula desenvolvidas com temas de Química. Eles são parte de alguns dos conteúdos essenciais na disciplina de Química ao longo do Ensino Médio: propriedades periódicas dos elementos, ligações químicas, equilíbrio químico, eletroquímica e acidez/basicidade de compostos orgânicos.

As propostas contemplam problematizações do conteúdo, desenvolvimento metodológico, propostas de atividades práticas e lúdicas, abordagens de ensino problematizadoras, problemas propostos, atividades complementares envolvendo leitura e interpretação de textos, elaboração de seminários, metodologias de avaliação diagnóstica, formativa e somativa, dentre outras.

São planos que podem ser adaptados e utilizados de acordo com a realidade de cada docente, de cada turma em seu contexto social e seus objetivos. Eles também podem servir de inspiração na elaboração do seu plano de aula, seja para aplicação em sua prática docente ou mesmo auxiliar na preparação de um bom plano para a prova didática de concursos públicos na área do magistério.

Espero com este material, contribuir para o preparo de planejamentos cada vez mais completos e que reflitam na melhoria contínua da prática docente. Desejo a todos, uma boa leitura e bom proveito deste material!

Douglas Vanzin

SUMÁRIO

Capítulo 3

Ligação Iônica 40

Capítulo 4

Equilíbrio Químico 57

Capítulo 5

Eletroquímica **73**

Capítulo 6

Acidez e Basicidade de Compostos Orgânicos **92**

Capítulo 1

A importância de planejar as aulas

O planejamento da ação pedagógica

Conseguir ministrar uma boa aula tem sido cada vez mais desafiador frente às mudanças comportamentais e sociais dos estudantes. Esse curto momento com os alunos, do qual se espera atingir algum objetivo principal, em geral, de aprendizado de um conteúdo ou aprimoramento de habilidades, pode ser conturbado ou ineficaz quando mal planejado ou improvisado.

De acordo com Ponte, Quaresma e Pereira (2015), o planejar consiste em um detalhamento que, além da descrição das atividades, também deve ser uma previsão do que pode acontecer durante a aula, das possíveis perguntas dos alunos e as respostas do professor, minimizando a necessidade de improvisos.

A aula é o espaço onde o aluno terá direcionamentos dos saberes importantes para sua formação. É nela que deve ocorrer a organização dos conteúdos e processos de ensino. Na concepção de Libâneo (1994, p. 177-178), a aula é:

> [...] o conjunto dos meios e condições pelos quais o professor dirige e estimula o processo de ensino em função da atividade própria do aluno no processo de aprendizagem escolar, ou seja, a assimilação consciente e ativa dos conteúdos. Em outras palavras, o processo de ensino, através das aulas, possibilita o encontro entre os alunos e a matéria de ensino, preparada didaticamente no plano de ensino e nos planos de aula. (LIBÂNEO, 1994, p. 177-178)

Sendo a escola um espaço social de aprendizagem através de interações e de formalizações de saberes, é nas aulas que essa sistematização ocorre. Desta forma, a aula deve ser planejada levando em conta a realidade social em que a escola se insere, questões políticas, econômicas, finalidades da educação. Também é preciso estar antenado e considerar as tendências pedagógicas, o currículo escolar e o projeto político pedagógico que evoluem, relacionando com a organização didática da aula. Desta forma, o planejamento é um processo contínuo de integração da escola e do contexto social (LOPES, 1991; VEIGA, 2004).

Para Vasconcellos (1995), o planejamento é um conjunto organizado de intenções e ações que perseguem um objetivo. Ou seja, planejar vai muito além de elencar conteúdos, objetivos, metodologias, recursos e avalição. É dar sentido ao trabalho docente estabelecendo um eixo norteador das práticas pedagógicas (BRISOLLA e ASSIS, 2020).

O planejamento de ensino permite a racionalização das atividades, efetividade do ensino, verificação do processo educativo, segurança e maior controle da aula para o docente e maior assertividade para atingir o objetivo pretendido (TURRA *et al.* 1995).

A estrutura do plano de aula

De acordo com Veiga (2008), a organização da aula precisa ser pautada em princípios didáticos, deve ocorrer pensando na interação entre docentes e discentes, trabalho colaborativo e relações de liderança compartilhada e corresponsabilidade. Brisolla e Assis (2020, p. 963) destacam:

> A organização didática da aula como ação colaborativa pressupõe os seguintes princípios: contextualização, flexibilidade, objetividade, colaboração e exequibilidade. Esses princípios embasam as características de uma aula:

> de forma colaborativa, com a participação discente; dá conta do processo didático em sua abrangência; orienta a reflexão com base na prática e para a prática; considera a aula em sua totalidade; evita o improviso docente; articula as ações com o projeto político-pedagógico e ao programa de aprendizagem ou plano elaborado coletivamente; dá significado ao processo didático pelo diálogo. (BRISOLLA e ASSIS, 2020, p. 963)

Para Ponte, Quaresma e Pereira (2015), a fase preparatória do plano de aula envolve a definição dos objetivos de aprendizagem, a seleção de tarefas úteis para atingir os objetivos, a resolução dessas tarefas, a análise das potencialidades e dificuldades previsíveis dos alunos de acordo com o conteúdo a ser trabalhado.

Objetivos da aula

Uma aula pode ter vários objetivos de aprendizagem, mas é importante que tenha um objetivo principal a ser perseguido. Os objetivos são formulações que orientam o processo didático. Eles devem considerar a capacidade humana cognitiva, afetiva, as relações interpessoais e interações sociais. Também devem compreender a realidade e contexto escolar, da comunidade e as perspectivas discentes no contexto da aula e componente curricular ministrado (BRISOLLA e ASSIS, 2020).

No plano de aula, devem ser apresentados de forma separada o objetivo principal e os objetivos específicos (ou complementares). O primeiro deve versar sobre as competências e habilidades previstas de se atingir com a aula. Ele deve ser passível de avaliação. O segundo deve descrever conhecimentos, competências e habilidades que sejam objetivos secundários de ensino e aprendizagem, apresentando na ordem do mais simples ao mais complexo

(FERREIRA e FILHO, 2019; TAKAHASHI e FERNANDES, 2004).

Conteúdos

Os conteúdos constituem o conhecimento científico, cultural, histórico e as experiências importantes para a formação do aluno, devendo estar alinhados com os objetivos (SILVA, 2017). Para Veiga (2008, p. 280), o conteúdo é "uma concretização dos objetivos, ou seja, são meios para sua consecução". Eles devem responder aos anseios do *"para que"* e *"o que"* ensinar. É através da apropriação dos conteúdos que o aluno desenvolverá seu repertório de conhecimentos e capacidades, bem como a compreensão do seu próprio meio e contexto social (TURRA *et al.*, 1995).

Pré-requisitos

É importante elencar os conhecimentos que são pré-requisitos que os alunos devem ter para compreender os conteúdos da aula. Essa etapa também deve prever as possíveis dificuldades dos alunos em aprender o que se pretende ensinar, para que o professor possa prever possíveis ações e abordagens que transponham essas barreiras (PONTE, QUARESMA e PEREIRA, 2015).

Para Ferreira e Filho (2019), os pré-requisitos também se constituem como conhecimentos introdutórios importantes. Ou seja, quais conceitos, teorias, habilidades matemáticas, técnicas experimentais etc. são importantes para alcançar os objetivos da aula. Esses conhecimentos devem ser retomados no início da aula, como forma de introdução, o que facilita o aprendizado do tema e maximiza as possibilidades de êxito (TAKAHASHI, 2004).

Recursos

Outro ponto a prever e descrever no plano de aula são os recursos necessários. Para Brisola e Assis (2020) citando Silva (2017), "os recursos são os meios utilizados pelo docente para criar condições que favoreçam as aprendizagens dos discentes, contribuindo para o alcance dos fins da educação". As autoras entendem que "o espaço físico deve ser analisado no sentido de atender às necessidades dos discentes conforme as atividades previstas".

Neste item, devem constar as especificações de cada etapa, os materiais didáticos que serão utilizados para cada tipo de abordagem. Especial atenção a esse ponto deve ser dada principalmente em aulas experimentais, demonstrações ou uso de tecnologias (FERREIRA e FILHO, 2019).

Metodologia

A metodologia, segundo Libâneo (1994), consiste na intervenção didática articulada com os objetivos e conteúdos, concebida como uma unidade. Ela conta com os dispositivos que permitem a construção de aprendizagens significativas, aliando o currículo escolar com a cultura local (SILVA, 2017).

É na descrição metodológica que aparece a concepção e formas de conduzir a aula para atingir os objetivos traçados. Espera-se a descrição sucinta e categórica das atividades previstas. O detalhamento deve ser apresentado como estratégias didáticas, de forma sequencial, citando e explicando como serão conduzidas (FERREIRA e FILHO, 2019).

Avaliação

Avaliar é um processo complexo que deve ser feito com método, reflexão e de acordo com os objetivos esperados. A avaliação pode ser um instrumento de verificação da efetividade do trabalho pedagógico, de análise se os objetivos foram atingidos, de qual foi a compreensão dos conteúdos que os alunos tiveram (FERREIRA e FILHO, 2019). No plano de aula, deve-se descrever como a avaliação será feita, qual(is) instrumento(s) será(ão) utilizado(s), em qual momento da aula será aplicada.

Enquanto Libâneo (1994) e Turra *et al.* (1995) indicam a avaliação como instrumento utilizado ao final do processo para verificação dos resultados alcançados, outros autores como Freitas (1995) a colocam como meio de organização do trabalho pedagógico, tendo papel de destaque. Silva (2017), defende que a avaliação orienta toda a prática pedagógica por estar presente em todos os momentos da aula, devendo ser sistematizada no plano.

Segundo Takahashi e Fernandes (2004, p. 115), "a avaliação da aula deve ser contextualizada de acordo com a concepção de homem e de mundo, podendo ocorrer em diferentes momentos e com finalidades distintas". Ela pode ser *diagnóstica*, com o propósito de perceber as defasagens, dificuldades e necessidades da turma; pode ser *formativa*, utilizada ao longo de toda a prática pedagógica, acompanhando o processo e evolução da compreensão e das habilidades dos estudantes; pode também ser *somativa*, para verificar o produto final e analisar a compreensão e capacidade de aplicações do conhecimento desenvolvido ao longo da(s) aula(s). A avaliação também pode ser desenvolvida através de problematização, questionamentos e reflexões sobre a ação e o conteúdo (DIAZ, GALIAZZI e THOMAZ, 1996).

O plano de aula em provas didáticas de concursos

Além de ser um instrumento do cotidiano pedagógico do professor, o plano de aulas é um dos materiais solicitados para avaliação da prova didática em concursos públicos. Em geral, ele deve ser entregue a todos os membros da banca, que vão acompanhar este documento durante a etapa de avaliação de seu desempenho didático. Ele deve ser bem planejado e construído, estando de acordo com a prática que será desempenhada ao longo da prova. Além da sua aula, o plano também é um instrumento que será avaliado nesse processo e que deve demonstrar sua capacidade de organização, seleção de conteúdos e conhecimentos educacionais e técnicos.

Figueira (2021) apresenta em seu artigo intitulado "O plano de aula e a banca de concurso", investiga de modo muito interessante e claro o plano de aula e a banca didática de concursos para o magistério, sendo um trabalho muito interessante para professores que pleiteiam cargos públicos na área do magistério.

Figueira destaca que, antes de tudo, convém definir o público, visto que a organização do plano de aula para o nível fundamental e médio é diferente do voltado ao ensino universitário, conforme destaque a seguir:

> Um plano de aula voltado para o ensino fundamental ou médio deve contemplar em especial metodologias, recursos didáticos, interatividade com a turma e relacionar os conteúdos com o dia a dia. A aula do ensino básico não é para formar o profissional específico, mas para dar bases gerais de determinada ciência. Com isso significa que o conteúdo é algo de baixa importância? Não, mas que ele não é um fim em si mesmo, pois o alvo é um aluno formado para generalidades. Assim, o plano não deve ser apenas conteudista, mas, um tanto pedagógico, preocupado com metodologias. Já um plano feito para o público universitário tem como objetivo tratar de futuros profissionais, logo, a ênfase no conteúdo é maior. É claro que metodologias e um cuidado pedagógico são sempre importantes e bem-vindos, entretanto, para esse público espera-se um professor pesquisador. A linguagem pode ser mais complexa e específica, posto que o professor lidará com pessoas, por exemplo, que só estudam Química, ou História, ou Pedagogia. (FIGUEIRA, 2021, p. 202-203)

O autor apresenta e discute os itens principais de um plano de aula, vinculando com os elementos importantes a serem desenvolvidos durante a prova didática. Os itens destacados são: identificação (escola, professor, disciplina, série), tema, objetivos, desenvolvimento do tema, revisão dos conteúdos da aula anterior, introdução à aula do dia, metodologias, avaliação, a próxima aula, recursos didáticos, bibliografia. Também são feitas sugestões para uma boa prova didática, que vão além do plano de aula.

Elaboração de planos de aula sobre temas da Química

Cada um dos capítulos a seguir apresenta uma proposta de plano de aula, em geral, para ser desenvolvida em cerca de quatro horas aula, de um tema que faz parte de conteúdos presentes nos currículos da disciplina de Química do Ensino Médio.

Essas propostas tentam abordar elementos comuns contidos em várias recomendações apresentadas em trabalhos de diversos pesquisadores e pensadores da área de ensino, inclusive dos referenciais trazidos neste capítulo inicial.

As propostas de planos de ensino não estão prontas e acabadas em si. Nem todas são possíveis de serem utilizadas diretamente da forma que estão, visto que um plano de aula depende das várias particularidades da turma, contexto escolar, social etc. onde será aplicada. Mas elas trazem elementos importantes, propostas de abordagens didáticas, metodologias de ensino e de avaliação que podem auxiliar o leitor professor no processo criativo de sua aula, aproveitando atividades que foram pensadas numa sequência que pode ou não ser a mais indicada para os objetivos da sua aula.

Lembre-se que a sua aula terá a sua cara, ela conta com o seu conhecimento, suas ideias criativas, seu julgamento dos conteúdos e capacidades que são mais importantes para a formação dos alunos.

REFERÊNCIAS

BRISOLLA, L. S.; ASSIS, R. M. O planejamento de ensino para além dos elementos estruturantes de um plano de aula. *Revista Espaço do Currículo*, 2020, 13, 956-966.

DIAZ, C. M. S.; GALIAZZI, M. C.; THOMAZ, T. C. F. Significado da avaliação no processo ensino aprendizagem. *Educação*, 1996, 30, 117-134.

FERREIRA, M.; FILHO, O. L. S. Proposta de Plano de Aula para o Ensino de Física. *Physicae Organum*, 2019, 5, 1, 39-44.

FIQUEIRA, F. O plano de aula e a banca de concurso. *Revista Espaço Acadêmico*, 2021, 230, 201-210.

FREITAS, L. C. *Crítica da organização do trabalho pedagógico e da didática*. Campinas: Papirus, 1995.

LIBÂNEO, J. C. *Didática*. São Paulo: Cortez, 1994.

LOPES, A. O. O Planejamento de ensino numa perspectiva crítica de educação. In: VEIGA, Ilma Passos Alencastro (Org.). *Repensando a didática*. São Paulo: Cortez, 1991. p. 41-52.

PONTE, J. P.; QUARESMA, M.; PEREIRA, J. M. É mesmo necessário fazer planos de aula? *Educação e Matemática*, 2015, 133, 26-35.

SILVA, E. F. O planejamento no contexto escolar: pela qualificação do trabalho docente e discente. In: VILLAS

BOAS, Benigna (Org.). *Avaliação: interações com o trabalho pedagógico*. Campinas: Papirus, 2017. p. 25-38.

TAKAHASHI, R. T.; FERNANDES, M. F. P. Plano de Aula: Conceitos e Metodologia. *Acta Paul. Enf., 2004, 17, 1, 114-118.*

TURRA, C. M. G.; Enricone, D.; Sant'Anna, F.; André, L. C. *Planejamento de ensino e avaliação*. 11. ed., Porto Alegre: Sagra Luzzatto, 1995.

VASCONCELLOS, C. S. *Planejamento: Plano de Ensino-Aprendizagem e Projeto Educativo – elementos metodológicos para elaboração e realização*. São Paulo: Libertad, 1995.

VEIGA, I. P. A. *Educação básica e educação superior: projeto político-pedagógico*. Campinas: Papirus, 2004.

VEIGA, I. P. A. Organização didática da aula: um projeto colaborativo de ação imediata. In: VEIGA, Ilma Passos Alencastro (Org.). *Aula: gênese, dimensões, princípios e práticas*. Campinas: Papirus, 2008. p. 267-298.

Capítulo 2

Propriedades Periódicas dos Elementos

Plano de Aula sobre Propriedades Periódicas

Tema: Propriedades periódicas dos elementos
Curso: Ensino Médio
Componente Curricular: Química
Tempo da aula: 4 horas/aula
Série: 1º ano

Conteúdo

Propriedades periódicas: raio atômico e iônico, eletronegatividade e caráter metálico.

Pré-requisitos dos alunos

É importante que os alunos tenham estudado anteriormente: Distribuição eletrônica, noções históricas e utilidade da tabela periódica, habilidades de localização de elementos químicos, identificação de informações como número atômico, massa atômica, grupo, período e bloco que um elemento pertence, saber as características dos gases nobres e diferenciar metais de não metais.

Objetivos de aprendizagem

Gerais:

Pretende-se que os estudantes entendam a importância das propriedades periódicas para a compreensão e previsão de comportamentos químicos e físicos das substâncias. Que saibam prever, de forma comparativa, qual é a tendência de um átomo de certo elemento em ganhar ou perder elétrons, de acordo com sua posição na tabela periódica.

Específicos:
- Entender a tendência periódica do raio atômico em relação à quantidade de níveis de energia eletronicamente ocupados e a carga nuclear efetiva em um átomo ou íon.
- Compreender o raio iônico de cátions e ânions em relação ao raio atômico de seus átomos neutros.
- Perceber como o raio atômico justifica o comportamento em relação à eletronegatividade e ao caráter metálico.
- Compreender como a eletronegatividade varia periodicamente e como essa propriedade é amplamente utilizada para prever o comportamento químico das substâncias, propriedades físicas, reatividade etc.
- Identificar elementos metálicos e sua tendência em perder elétrons, formando cátions.

Esquema de conteúdo

A sequência de abordagem dos conteúdos seguirá o esquema abaixo:
- Conceito de periodicidade na natureza e na tabela periódica.
- Raio atômico em função do aumento de níveis de energia e da carga nuclear efetiva.
- Raio iônico de cátions e ânions em relação a seus átomos neutros.
- Eletronegatividade como tendência inversamente proporcional ao raio atômico e escala de eletronegatividade de Pauling.
- Caráter metálico e formação de cátions metálicos.

Metodologia

Será desenvolvido uma aula expositiva com participação dialógica dos alunos, com apoio de uma tabela periódica fixada na lousa ou projetada com *data show*, modelo didático representativo de estruturas atômicas construído em isopor e material didático impresso.

Serão usados os recursos didáticos: lousa, giz ou pincel, apagador, tabela periódica, modelo atômico de isopor, alfinetes e palitos, material de apoio impresso ou projetado, fita de magnésio metálico, garra metálica, isqueiro, óculos de proteção ultravioleta, béquer, bandeja metálica.

A aula será iniciada com uma breve revisão sobre a tabela periódica, sua forma de uso e, a seguir, será aplicada uma atividade como avaliação diagnóstica (Atividade I).

Em seguida, serão usadas as questões problematizadoras para inserir os alunos na temática da aula: *Quando alguma coisa é "periódica", o que isso significa? Você conhece alguma coisa do seu dia a dia que seja periódica? Qual é a importância em saber a periodicidade das propriedades químicas?*

Após a introdução sobre periodicidade e propriedades periódicas, será apresentada a tendência periódica de variação do *raio atômico* usando, como apoio, a *tabela periódica* e *modelo atômico em isopor*, mostrando elementos com números diferentes de níveis de energia eletronicamente ocupados e como o raio atômico varia em função disso. Os diferentes níveis eletrônicos são representados com bolas de isopor de raios diferentes, presas uma dentro da outra com alfinetes. Também será demonstrado, para dois elementos do mesmo período da tabela periódica, a diferença de raio através do cálculo da carga nuclear efetiva (Atividade II).

A tendência do *raio iônico* será demonstrada com o modelo atômico em isopor através da retirada de elétrons de valência (alfinetes coloridos), formando cátions, ou adição de elétrons de valência, formando ânions, justificando as variações do raio. Essa demonstração também será feita com material exibido para a turma (Atividade II).

A discussão sobre *eletronegatividade* será feita nos termos da habilidade de atração de elétrons em função do raio atômico e da carga nuclear efetiva dos elementos. Será apresentada a escala de eletronegatividade de Pauling, projetada na sala de aula ou mostrando material impresso com os valores (Atividade III) e destacando os elementos mais eletronegativos.

Com comportamento contrário à eletronegatividade, também será apresentado o *caráter metálico* como tendência periódica para a formação de cátions, cuja carga pode ser prevista para elementos representativos, mas não para a maior parte dos metais de transição do bloco D (Atividade IV).

Durante a aula, serão propostas atividades de compreensão dos conteúdos (Atividade V) aos alunos, bem como uma atividade experimental de queima de magnésio metálico (Atividade VI), a ser desenvolvida através de demonstração feita pelo professor, para discussão do caráter metálico e eletronegatividade.

Também será solicitado que os alunos façam uma pesquisa e apresentação de seminário a respeito dos metais de transição e um tema transversal sobre cooperativas de reciclagem de metais (Atividade VII).

Avaliação

Os instrumentos propostos buscam avaliar de forma diagnóstica, formativa e somativa, mas eles devem estar alinhados aos critérios de avaliação do processo de ensino aprendizagem contidos no Regimento Escolar ou Projeto Pedagógico do Curso da instituição de ensino.

No início da aula, será realizada a avaliação diagnóstica mediante a aplicação da Atividade I para ser resolvida, que será usada para verificar a compreensão do uso da tabela periódica, interpretando o significado de período, grupo ou família e blocos.

Em conjunto com a avaliação diagnóstica, também será feita a avaliação formativa, analisando a participação do aluno durante as aulas, a interação colaborativa com os colegas, a compreensão dos conteúdos e a realização das atividades propostas.

Como componente somativo, será atribuído conceito ou nota a partir das respostas às questões da atividade experimental (Atividade VI). Também será considerada a apresentação do seminário (Atividade VII) sobre metais de transição e cooperativas de reciclagem de metais. Posteriormente, o tema da aula também irá compor parte de uma avaliação escrita, em conjunto com outros conteúdos da tabela periódica estudados.

Os resultados do processo avaliativo serão emitidos na forma de conceito ou nota conforme disposto no Projeto Pedagógico do Curso ou Regimento Escolar da instituição de ensino.

Como plano de recuperação paralela, será analisado, com base no desempenho nas avaliações propostas, qual instrumento avaliativo será mais adequado para oportunizar os alunos que não atingiram o aprendizado suficiente. Dentre os instrumentos, poderá ser usado: entrega das atividades propostas (Atividade VIII) e atividade complementar (Atividade IX), novo trabalho individual ou em equipe, teste escrito ou oral, resenha de texto ou artigo científico, relatório de atividade prática, auto avaliação, entre outros, de acordo com o que for mais adequado.

Referências

BROWN, T.; LEMAY, H. E.; BURSTEN, B. E. **Química: a Ciência Central**. 9 ed. Pearson Prentice-Hall, 2005.

CANTO, E.L.; PERUZZO, F.M. **Química na abordagem do cotidiano**. v. 1, 4 ed. São Paulo: Moderna, 2010.

FONSECA, M. R. M. **Química: ensino médio**. v.1, 2 ed. São Paulo: Ática, 2016.

GOVERNO DO ESTADO DO PARANÁ. Secretaria de Estado da Educação Básica. **Diretrizes Curriculares da Educação Básica – Química.** Paraná, 2008.

SANTOS, W. L. P. e MÓL, G. (coords.). **Química cidadã: ensino médio**. v.1, 3 ed. São Paulo: Editora AJS, 2016.

SCHWARCZ, JOE. **Barbies, bambolês e bolas de bilhar.** São Paulo: Zahar, 2009, p. 9.

Atividades propostas para as aulas

Atividade I - Avaliação Diagnóstica

1) Qual é o nível de energia mais importante para a compreensão das propriedades químicas de um elemento? Como ele é chamado?

2) Use a tabela periódica e, através do período, grupo/família e bloco, indique qual é o nível de valência, a quantidade de elétrons de valência e o tipo de orbital/subnível (s, p, d ou f) de maior energia dos elementos abaixo. Represente seus átomos em forma de desenho.

a) Mg (magnésio)   b) F (flúor)

Atividade II – Carga Nuclear Efetiva (Z_{ef}) e Tendências nos Tamanhos de Íons

$$Z_{ef} = Z - S$$

Z = número atômico
S = número de elétrons internos à camada de valência (CV)

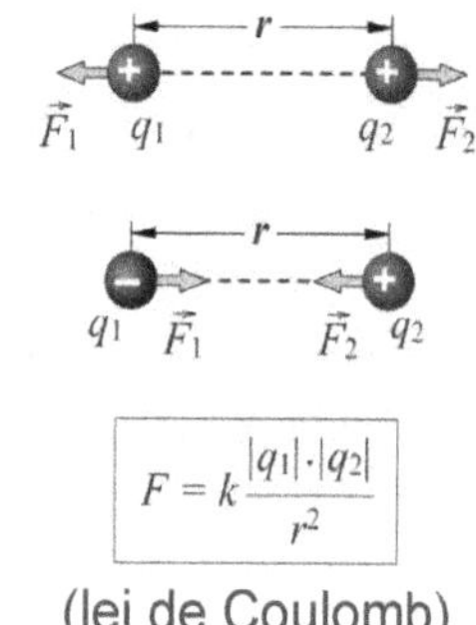

(lei de Coulomb)

Ex.: $_{12}$Mg

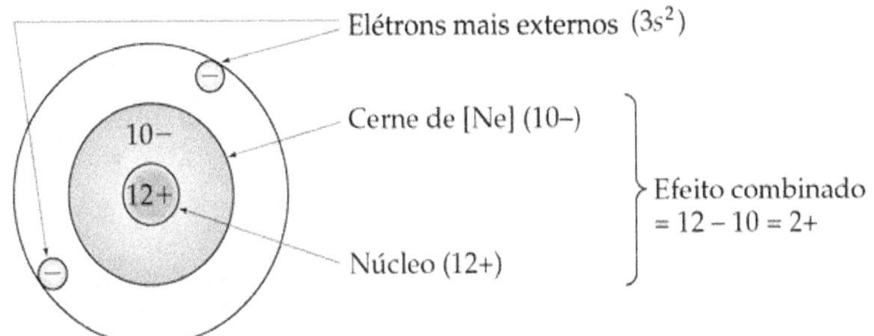

Fonte: BROWN, T.; LEMAY, H. E.; BURSTEN, B. E. **Química: a Ciência Central**. 9 ed. Pearson Prentice-Hall, 2005.

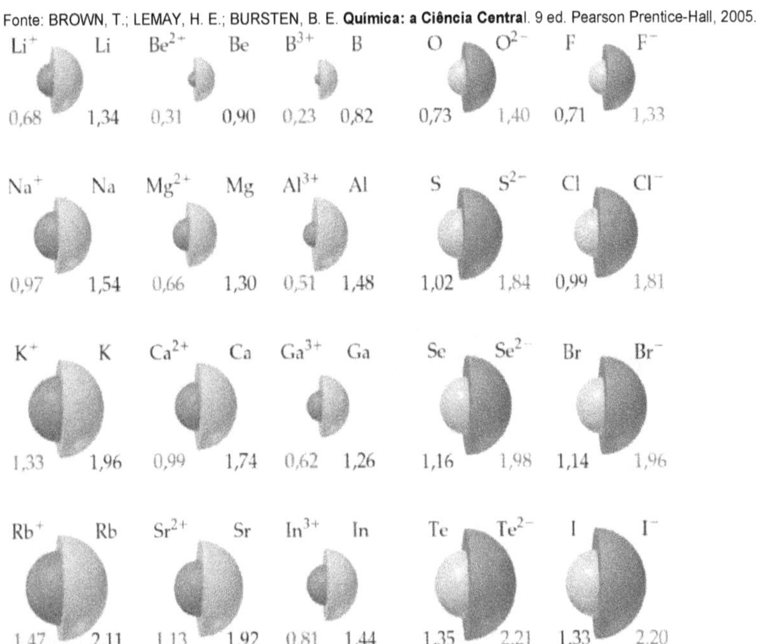

Fonte: BROWN, T.; LEMAY, H. E.; BURSTEN, B. E. **Química: a Ciência Central**. 9 ed. Pearson Prentice-Hall, 2005.

Atividade III – Eletronegatividade De Pauling

Valores de eletronegatividade de Pauling

Legenda: ☐ <1 | ☐ 1,0–1,4 | ☐ 1,5–1,9 | ☐ 2,0–2,4 | ☐ 2,5–2,9 | ☐ 3,0–4,0

1	2	3	4	5	6	7	8	9	10	11	12	13	14	15	16	17	18
H 2,1																	
Li 1,0	Be 1,5											B 2,0	C 2,5	N 3,0	O 3,5	F 4,0	
Na 1,0	Mg 1,2											Al 1,5	Si 1,8	P 2,1	S 2,5	Cl 3,0	
K 0,9	Ca 1,0	Sc 1,3	Ti 1,4	V 1,5	Cr 1,6	Mn 1,6	Fe 1,7	Co 1,7	Ni 1,8	Cu 1,8	Zn 1,6	Ga 1,7	Ge 1,9	As 2,1	Se 2,4	Br 2,8	
Rb 0,9	Sr 1,0	Y 1,2	Zr 1,3	Nb 1,5	Mo 1,6	Tc 1,7	Ru 1,8	Rh 1,8	Pd 1,8	Ag 1,6	Cd 1,6	In 1,6	Sn 1,8	Sb 1,9	Te 2,1	I 2,5	
Cs 0,8	Ba 1,0	Lu 1,1	Hf 1,3	Ta 1,4	W 1,5	Re 1,7	Os 1,9	Ir 1,9	Pt 1,8	Au 1,9	Hg 1,7	Tl 1,6	Pb 1,7	Bi 1,8	Po 1,9	At 2,1	
Fr 0,8	Ra 1,0	Ac 1,1															

Fonte: FONSECA, M. R. M. **Química: ensino médio**. V.1, 2 ed. São Paulo: Ática, 2016.

Atividade IV – Caráter Metálico

Refere-se às propriedades dos metais: brilho, condução elétrica e térmica, maleabilidade, ductibilidade e tendência a formar cátions em solução aquosa.

Aumenta com a "facilidade" de um átomo perder elétrons.

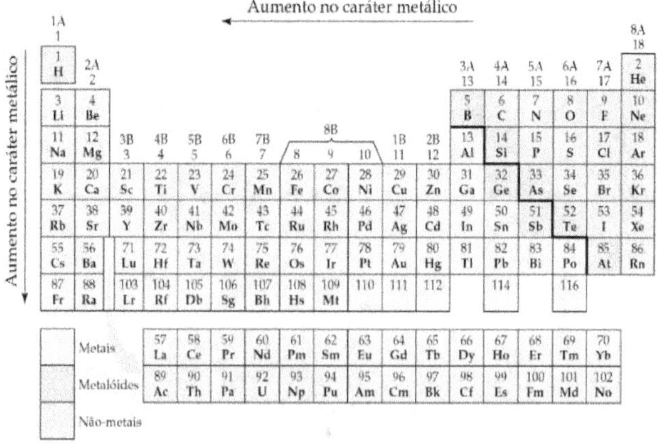

Alguns metais formam cátions característicos, outros têm cargas variáveis.

Ex.: fam. 1A → M^{1+} ; fam. 2A → $^{2+}$; Al → Al^{3+}

Metais de transição: a maioria tem cargas variáveis.

1A	2A	Metais de transição									3A	4A	5A	6A	7A	8A
H^+															H^-	G A S E S N O B R E S
Li^+													N^{3-}	O^{2-}	F^-	
Na^+	Mg^{2+}										Al^{3+}		P^{3-}	S^{2-}	Cl^-	
K^+	Ca^{2+}			Cr^{3+}	Mn^{2+}	Fe^{2+} Fe^{3+}	Co^{2+}	Ni^{2+}	Cu^+ Cu^{2+}	Zn^{2+}				Se^{2-}	Br^-	
Rb^+	Sr^{2+}								Ag^+	Cd^{2+}		Sn^{2+}		Te^{2-}	I^-	
Cs^+	Ba^{2+}						Pt^{2+}	Au^+ Au^{3+}	Hg_2^{2+} Hg^{2+}			Pb^{2+}	Bi^{3+}			

Fonte: BROWN, T.; LEMAY, H. E.; BURSTEN, B. E. **Química: a Ciência Central**. 9 ed. Pearson Prentice-Hall, 2005.

Atividade V – Compreensão da Aula

Questão 1: Coloque em ordem crescente de raio atômico:

a) P, S e Se   b) Ca, Ca^{2+} e Mg^{2+} c) S^{2-}, S e O^{2-}

Questão 2: Coloque em ordem de eletronegatividade e de caráter metálico.

a) P, Mg e O   b) Cs, C e F   c) I, Li e Cl

Atividade VI – Atividade Experimental

Observe a queima de um pedaço de fita de magnésio metálico na presença de oxigênio do ar. Analise suas cinzas.

IMPORTANTE: essa atividade deve ser executada pelo professor, que utilizará material de proteção, inclusive óculos de proteção ultravioleta, em ambiente ventilado e distante de materiais inflamáveis ou combustíveis.

Podemos escrever os **reagentes** dessa queima como: **$Mg(s)$ + $\frac{1}{2}O_2(g)$ → $MgO(s)$.** Considere que o calor da chama fornece a energia de ativação dessa reação, atomizando os reagentes no seu estado gasoso.

a) Quais íons se formaram no produto da reação? Mostre suas cargas.
b) Usando o que aprendemos sobre eletronegatividade e caráter metálico, explique como a reação aconteceu.
c) O raio iônico do cátion de magnésio formado no produto é maior ou menor que o raio atômico do Mg(s) que reagiu? Justifique.
d) O raio iônico do ânion de oxigênio é maior ou menor que o raio atômico do oxigênio do $O_2(g)$ que reagiu? Justifique.

Atividade VII – Pesquisa e Apresentação de Seminário

Tema: *Metais de transição e cooperativas de reciclagem de metais.*

- Pesquise *quais são os metais de transição*, como são organizados na tabela periódica, quais são as diferenças em relação aos outros metais, suas características químicas e físicas.

* *O professor atribuirá dois grupos de metais de transição por equipe.* Pesquise as características gerais dos metais desses grupos. *Escolha 4 elementos* pertencentes aos dois grupos que você julga serem importantes e apresente: suas características químicas, sua utilidade, onde são encontrados na natureza, presença no corpo humano, forma de extração, importância econômica, tecnologias em que é aplicado, resíduos e poluição ambiental que geram.

* Pesquise sobre o *funcionamento de cooperativas de reciclagem de metais*, quais materiais metálicos podem ser reciclados, como a reciclagem é feita (desde a coleta, separação, processamento, purificação etc), quais são os benefícios da reciclagem (meio ambiente, economia de energia, riscos à saúde etc).

A equipe deverá apresentar um seminário sobre o tema para a turma, na data combinada, de 10 a 15 minutos, mais o tempo para discussão.

Atividade VIII – Exercícios Propostos

1) Qual dos átomos ou íons de cada par abaixo tem maior raio?
   a) $_8O$ e $_8O^{2-}$
   b) $_7N$ e $_7N^{3-}$
   c) $_{20}Ca^{2+}$ e $_{12}Mg^{2+}$
   d) $_{19}K^+$ e $_3Li^+$
   e) $_{20}Ca^{2+}$ e $_{12}Mg^{2+}$

2) Cada lavoura necessita de diferentes nutrientes em proporções variadas, dependendo do tipo de solo que será cultivado, para que sua produtividade seja maior. O quadro a seguir apresenta algumas das principais culturas e os tipos de nutrientes que, conforme o solo utilizado, influenciam no desenvolvimento dos vegetais.

Cultura	Região do Brasil	Nutrientes mais importantes para a planta conforme o tipo de solo
Feijão	Nordeste	Nitrogênio, fósforo e potássio
Milho	Sul e Sudeste	Nitrogênio e zinco
Arroz	Mato Grosso, Acre e Maranhão	Fósforo, nitrogênio e zinco

Fonte: FERREIRA, M.E. *Micronutrientes e elementos tóxicos na agricultura*. Jaboticabal: CNPq/FAPESP/POTAFO, 2001.

Situe na tabela periódica a posição do grupo e o período de cada elemento citado e organize-os em ordem crescente de raio atômico e de eletronegatividade.

3) Verificando a tabela periódica, indique qual dos íons F^-, Cl^- e Na^+ apresenta maior raio atômico. Explique.

4) Quais são os três elementos mais eletronegativos da tabela periódica? Cite uma substância química para cada elemento que o contenha.

5) Se uma uva, uma laranja e uma melancia fossem átomos, qual seria a ordem de eletronegatividade entre eles? Qual teria o menor caráter metálico?

6) Em uma reação química participam átomos A com alto caráter metálico, de certa substância, com átomos B de alta eletronegatividade, de outra substância química.

Qual dos átomos irá ganhar e qual irá perder elétrons. Podem ser formados íons nessa reação química?

Atividade IX – Atividade Complementar

Faça a leitura do texto "*A busca pela química certa*", do livro *Barbies, bambolês e bolas de bilhar* (Schwarcz, 2009, p. 9), disponível no sistema do aluno, a respeito da importância dos conhecimentos químicos. Responda:

Abaixo, são apresentados alguns recortes do texto:

> (...) a compreensão das moléculas e suas reações desmistificam os mecanismos do mundo. (...)

> (...) o incômodo de uma alergia, a perda do brilho da prata, os prazeres do chocolate e os segredos do amor, todos revelam seus mistérios a uma compreensão do comportamento molecular. (...)

> (...) Para mim, a expressão "a química certa" tem duas conotações. A óbvia, que se refere a saber alguma coisa sobre como é esperável que as moléculas se comportem. Mas também a considero a metáfora de uma boa mistura. (...)

Estes trechos destacam que os conhecimentos sobre química permitem a compreensão e previsão do comportamento da matéria. Qual é a relação disso com as propriedades periódicas dos elementos químicos?

Capítulo 3

Ligação Iônica

Plano de Aula sobre Ligação Iônica

Tema: Ligação Iônica
Curso: Ensino Médio
Componente Curricular: Química
Tempo da aula: 4 horas/aula
Série: 1º ano

Conteúdo

Ligação iônica: formação de íons, fórmula unitária de compostos iônicos e retículo cristalino.

Pré-requisitos dos alunos

É importante que os alunos tenham estudado anteriormente: distribuição eletrônica, regra do octeto, formação de cátions e ânions e saibam o que é o nível (ou camada) de valência. Devem saber localizar e classificar os elementos químicos na Tabela Periódica (grupo, período, bloco, gases nobres, metais e não metais), compreender as propriedades periódicas dos elementos (raio atômico, eletronegatividade, caráter metálico) e ter noções gerais sobre ligações químicas.

Objetivos de aprendizagem

Gerais:
Pretende-se que os estudantes percebam a ocorrência fundamental das ligações químicas na formação dos mais diversos materiais, compreendam que as ligações químicas

permitem maior estabilidade aos átomos que, quando isolados, em geral, são instáveis e muito reativos. Além disso, a ligação iônica deve ser compreendida como resultado da interação eletrostática entre cátions e ânions e que sua estruturação na forma de retículo cristalino confere propriedades e comportamentos próprios, inclusive, dos mais diversos minerais da natureza e nutrientes fundamentais.

Específicos:

• Entender a ocorrência da ligação iônica como atração eletrostática entre cátions e ânions, com caráter iônico dependente da diferença de eletronegatividade.

• Conseguir demonstrar a formação de compostos iônicos através da distribuição eletrônica e fórmula eletrônica, chegando na fórmula unitária.

• Escrever a fórmula unitária envolvendo íons poliatômicos através das tabelas de cátions e ânions.

• Compreender como os sólidos iônicos se estruturam no formato de arranjos cristalinos, o que reflete em suas propriedades.

Esquema de conteúdo

A sequência de abordagem dos conteúdos seguirá o esquema abaixo:

• Revisão de conteúdos sobre regra do octeto e formação de ligações químicas.

• Conceito de ligação iônica através de interação eletrostática entre íons.

• Formação de íons: demonstração através da distribuição eletrônica.

- Formação de íons: demonstração através da fórmula eletrônica.
- Fórmula unitária através de íons monoatômicos e poliatômicos.
- Retículo cristalino, número de coordenação e arranjo cristalino de compostos iônicos.

Metodologia

Será desenvolvida uma aula expositiva com participação dialógica dos alunos, com apoio da tabela periódica fixada na lousa ou projetada com *data show*, de modelo didático representativo de estrutura atômica e cristalina feito em isopor e proposta de atividade experimental da reação química de queima do magnésio metálico.

Serão usados os recursos didáticos: lousa, giz ou pincel, apagador, tabela periódica, modelo atômico construído com bolas de isopor e alfinetes coloridos, modelo de retículo cristalino construído com bolas de isopor e palitos, material de apoio visual impresso ou projetado com tabelas e atividades propostas, fita de magnésio metálico, garra metálica, isqueiro, óculos de proteção ultravioleta, béquer, bandeja metálica.

A aula será iniciada com uma breve revisão do conceito de ligação química e regra do octeto, aplicando uma atividade para avaliação diagnóstica (Atividade I).

A introdução do tema será feita com o auxílio de questões problematizadoras: *Por que o sal de cozinha, as rochas e outros minerais são sólidos? A pólvora teve alguma importância histórica? Para que pode ser usada? Qual é a sua relação com a ligação iônica que estudaremos*

43

hoje? A seguir, o conceito de ligação iônica será apresentado como resultado da interação entre elementos com grande diferença de eletronegatividade de Pauling (Atividade II), que formam íons através da transferência de elétrons.

A formação de um composto iônico será demonstrada através da distribuição eletrônica e da fórmula eletrônica, formando uma fórmula unitária, primeiramente, para o Cloreto de Sódio, NaCl (Atividade III). Como artifício didático e lúdico, também pode ser usado modelos atômicos construídos com bolas de isopor e alfinetes coloridos (elétrons), transferindo elétrons de um átomo para outro para demonstrar a formação de octeto no nível de valência de cada íon formado.

Na sequência, outro exemplo será demonstrado para formação da fórmula unitária do sal CaF_2. Algumas atividades para compreensão do conteúdo serão solicitadas aos estudantes, para serem resolvidas durante a aula com o apoio do professor (Atividade IV). A tabela de cátions e ânions mono e poliatômicos também será utilizada para a determinação da fórmula unitária de compostos iônicos (anexo V).

Para compreender como um composto iônico se estrutura tridimensionalmente, será apresentado o retículo cristalino do cloreto de sódio, abordando conceitos como número de coordenação e arranjo. Como suporte didático, poderá ser usado um modelo construído com bolas de isopor e palitos nos moldes do material da Atividade VI, cuja imagem também pode ser projetada ou exibida em material impresso aos alunos.

Após a abordagem do conteúdo teórico, será feito a proposta de uma atividade experimental de queima do magnésio metálico (Atividade VII) demonstrado pelo professor, a partir da qual, os estudantes responderão questões para reforçar o entendimento do tema da aula.

Ao final da aula, serão repassadas instruções para pesquisa sobre minerais, nutrientes e cooperativas de fertilizantes agrícolas, cujos temas sorteados entre as equipes da turma serão apresentados em data a ser combinada na forma de seminário (Atividade VIII).

Avaliação

Os instrumentos propostos buscam avaliar de forma diagnóstica, formativa e somativa, mas eles devem estar alinhados aos critérios de avaliação do processo de ensino aprendizagem contidos no Regimento Escolar ou Projeto Pedagógico do Curso da instituição de ensino.

No início da aula, será realizada a avaliação diagnóstica mediante a aplicação de uma atividade (Atividade I) para ser resolvida, que será usada para verificar a compreensão do conceito de ligação química e regra do octeto. Em conjunto com a avaliação diagnóstica, também será feita a avaliação formativa, analisando a participação do aluno durante as aulas, a interação colaborativa com os colegas, a compreensão dos conteúdos e a realização das atividades propostas.

Como componente somativo, será atribuído conceito ou nota a partir das respostas às questões da atividade experimental (Atividade VII). Também será considerada a apresentação do seminário (Atividade VIII) sobre minerais, nutrientes e cooperativas de fertilizantes agrícolas. Posteriormente, o tema da aula também irá compor parte de uma avaliação escrita, em conjunto com outros conteúdos relativos às ligações químicas.

Os resultados do processo avaliativo serão emitidos na forma de conceito ou nota, conforme disposto no Projeto Pedagógico do Curso ou Regimento Escolar da instituição de ensino.

Como plano de recuperação paralela, será analisado, com base no desempenho nas avaliações propostas, qual instrumento avaliativo será mais adequado para oportunizar os alunos que não atingiram o aprendizado suficiente. Dentre os instrumentos, poderá ser usado: entrega das atividades propostas (Atividade IX) e atividade complementar (Atividade X), novo trabalho individual ou em equipe, teste escrito ou oral, resenha de texto ou artigo científico, relatório de atividade prática, auto avaliação, entre outros, de acordo com o que for mais adequado.

Referências

BROWN, T.; LEMAY, H. E.; BURSTEN, B. E. **Química: a Ciência Central**. 9 ed. Pearson Prentice-Hall, 2005.

CANTO, E.L.; PERUZZO, F.M. **Química na abordagem do cotidiano**. v. 1, 4 ed. São Paulo: Moderna, 2010.

FONSECA, M. R. M. **Química: ensino médio**. v.1, 2 ed. São Paulo: Ática, 2016.

GOVERNO DO ESTADO DO PARANÁ. Secretaria de Estado da Educação Básica. **Diretrizes Curriculares da Educação Básica – Química.** Paraná, 2008.

SANTOS, W. L. P.; MÓL, G. (coords.). **Química cidadã: ensino médio**. v.1, 3 ed. São Paulo: Editora AJS, 2016.

> SCHWARCZ, JOE. **Barbies, bambolês e bolas de bilhar.**
> São Paulo: Zahar, 2009, p. 28.

Atividades propostas para as aulas

Atividade I - Avaliação Diagnóstica

A maior parte dos elementos químicos não consegue ter seus átomos estáveis isoladamente, o que os obriga a fazer algum tipo de ligação química. Responda:

1) Por que fazer alguma ligação química torna o átomo mais estável?

2) Faça a distribuição eletrônica de cada elemento ou íon a seguir e indique se ele segue a regra do octeto ou não:

a) $_{20}Ca$ c) $_{10}Ne$ b) $_{20}Ca^{2+}$

Atividade II – A Eletronegatividade De Pauling

Valores de eletronegatividade de Pauling

Legenda: <1; $1,0-1,4$; $1,5-1,9$; $2,0-2,4$; $2,5-2,9$; $3,0-4,0$

$_1H$																
2,1																
$_3Li$	$_4Be$											$_5B$	$_6C$	$_7N$	$_8O$	$_9F$
1,0	1,5											2,0	2,5	3,0	3,5	4,0
$_{11}Na$	$_{12}Mg$											$_{13}Al$	$_{14}Si$	$_{15}P$	$_{16}S$	$_{17}Cl$
1,0	1,2											1,5	1,8	2,1	2,5	3,0

$_{19}K$	$_{20}Ca$	$_{21}Sc$	$_{22}Ti$	$_{23}V$	$_{24}Cr$	$_{25}Mn$	$_{26}Fe$	$_{27}Co$	$_{28}Ni$	$_{29}Cu$	$_{30}Zn$	$_{31}Ga$	$_{32}Ge$	$_{33}As$	$_{34}Se$	$_{35}Br$
0,9	1,0	1,3	1,4	1,5	1,6	1,6	1,7	1,7	1,8	1,8	1,6	1,7	1,9	2,1	2,4	2,8
$_{37}Rb$	$_{38}Sr$	$_{39}Y$	$_{40}Zr$	$_{41}Nb$	$_{42}Mo$	$_{43}Tc$	$_{44}Ru$	$_{45}Rh$	$_{46}Pd$	$_{47}Ag$	$_{48}Cd$	$_{49}In$	$_{50}Sn$	$_{51}Sb$	$_{52}Te$	$_{53}I$
0,9	1,0	1,2	1,3	1,5	1,6	1,7	1,8	1,8	1,8	1,6	1,6	1,6	1,8	1,9	2,1	2,5
$_{55}Cs$	$_{56}Ba$	$_{71}Lu$	$_{72}Hf$	$_{73}Ta$	$_{74}W$	$_{75}Re$	$_{76}Os$	$_{77}Ir$	$_{78}Pt$	$_{79}Au$	$_{80}Hg$	$_{81}Tl$	$_{82}Pb$	$_{83}Bi$	$_{84}Po$	$_{85}At$
0,8	1,0	1,1	1,3	1,4	1,5	1,7	1,9	1,9	1,8	1,9	1,7	1,6	1,7	1,8	1,9	2,1

$_{87}Fr$	$_{88}Ra$	$_{89}Ac$
0,8	1,0	1,1

Fonte: FONSECA, M. R. M. **Química: ensino médio**. V.1, 2 ed. São Paulo: Ática, 2016.

Atividade III – Formação de Ligação Iônica através da Fórmula Eletrônica

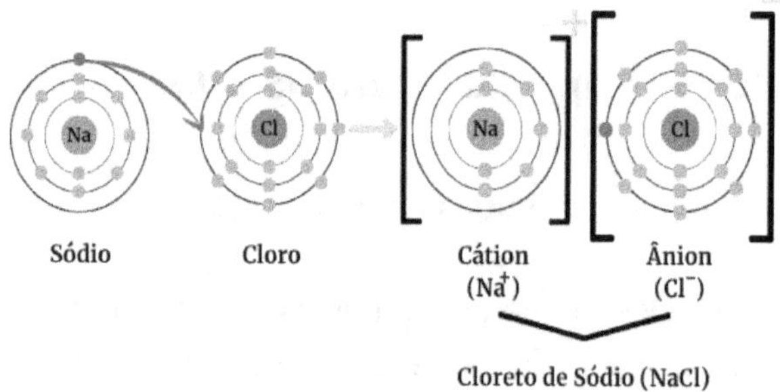

Fonte: vaiquimica.com.br/ligacoes-quimicas/

Atividade IV – Atividades de Compreensão da Aula

Questão 1: Através da fórmula eletrônica, mostre a fórmula unitária do composto iônico formado entre átomos dos elementos abaixo, cuja família está mostrada entre parênteses:

a) **Ca** (IIA) e **F** (VIIA)
b) **K** (IA) e **S** (VIA)
c) **Al** (IIIA) e **O** (VIA)

Questão 2: Consulte a tabela de cátions e ânions e mostre a fórmula unitária dos sais abaixo:

a) Sulfato de sódio

b) Bicarbonato de magnésio

c) Sulfato de alumínio

d) Nitrato de ferro(II)

Atividade V – Tabelas dos Principais Cátions e Ânions

Tabela dos principais ânions				
Ânions monovalentes: 1–				
Halogênios	Carbono	Enxofre		
F^{1-} fluoreto	CN^{1-} cianeto	HS^{1-} mono-hidrogenossulfeto (bissulfeto)		
$C\ell^{1-}$ cloreto	NC^{1-} isocianeto	HSO_3^{1-} mono-hidrogenossulfito (bissulfito)		
Br^{1-} brometo	OCN^{1-} cianato	HSO_4^{1-} mono-hidrogenossulfato (bissulfato)		
I^{1-} iodeto	NOC^{1-} isocianato	**Nitrogênio**	**Metais de transição**	
$C\ell O^{1-}$ hipoclorito	ONC^{1-} fulminato	NO_2^{1-} nitrito	MnO_4^{1-} permanganato	
$C\ell O_2^{1-}$ clorito	HCO_3^{1-} mono-hidrogenocarbonato (bicarbonato)	NO_3^{1-} nitrato	**Outros**	
$C\ell O_3^{1-}$ clorato	$HCOO^{1-}$ metanoato ou formiato	NH_2^{1-} amideto	H^{1-} hidreto	
$C\ell O_4^{1-}$ perclorato	$H_3C\!-\!COO^{1-}$ etanoato ou acetato	N_3^{1-} azoteto	OH^{1-} hidróxido	

Ânions bivalentes: 2–			
Oxigênio	Enxofre	Metais de transição	Carbono
O^{2-} óxido	S^{2-} sulfeto	CrO_4^{2-} (orto)cromato	CO_3^{2-} carbonato
O_2^{2-} peróxido	SO_3^{2-} sulfito	$Cr_2O_7^{2-}$ dicromato	$C_2O_4^{2-}$ oxalato
O_4^{2-} superóxido	SO_4^{2-} sulfato	MnO_3^{2-} manganito	C_2^{2-} acetileto (carbeto)
Nitrogênio	$S_2O_3^{2-}$ tiossulfato	MnO_4^{2-} manganato	**Outros**
$N_2O_2^{2-}$ hiponitrito	$S_2O_8^{2-}$ peroxidissulfato	ZnO_2^{2-} zincato	$B_4O_7^{2-}$ tetraborato

Ânions trivalentes: 3–	
Nitrogênio	Metais de transição
N^{3-} nitreto	$[Fe(CN)_6]^{3-}$ ferricianeto
Fósforo	Outros
PO_4^{3-} (orto)fosfato	BO_3^{3-} (orto)borato

Ânions tetravalentes: 4–	
Fósforo	Metais de transição
$P_2O_7^{4-}$ pirofosfato	$[Fe(CN)_6]^{4-}$ ferrocianeto
Carbono	Outros
C^{4-} carbeto	SiO_4^{4-} (orto)silicato

Fonte: FONSECA, M. R. M. **Química: ensino médio**. V.1, 2 ed. São Paulo: Ática, 2016.

| Tabela dos principais cátions | | | | |
Monovalentes: 1+	Bivalentes: 2+	Trivalentes: 3+	Tetravalentes: 4+	Pentavalentes: 5+
H_3O^{1+} hidrônio	Be^{2+} berílio	$A\ell^{3+}$ alumínio		
NH_4^{1+} amônio	Mg^{2+} magnésio	Bi^{3+} bismuto		
Li^{1+} lítio	Ca^{2+} cálcio			
Na^{1+} sódio	Sr^{2+} estrôncio			
K^{1+} potássio	Ba^{2+} bário			
Rb^{1+} rubídio	Ra^{2+} rádio			
Cs^{1+} césio	Zn^{2+} zinco			
Ag^{1+} prata	Cd^{2+} cádmio			
Cu^{1+} cobre I cuproso	Cu^{2+} cobre II cúprico			
Hg_2^{2+} mercúrio I mercuroso	Hg^{2+} mercúrio II mercúrico			
Au^{1+} ouro I auroso		Au^{3+} ouro III áurico		
	Cr^{2+} crômio II cromioso	Cr^{3+} crômio III crômico		
	Fe^{2+} ferro II ferroso	Fe^{3+} ferro III férrico		
	Co^{2+} cobalto II cobaltoso	Co^{3+} cobalto III cobáltico		
	Ni^{2+} níquel II niqueloso	Ni^{3+} níquel III niquélico		
	Mn^{2+} manganês II manganoso	Mn^{3+} manganês III mangânico		
	Sn^{2+} estanho II estanoso		Sn^{4+} estanho IV estânico	
	Pb^{2+} chumbo II plumboso		Pb^{4+} chumbo IV plúmbico	
	Pt^{2+} platina II platinoso		Pt^{4+} platina IV platínico	
	Ti^{2+} titânio II titanoso		Ti^{4+} titânio IV titânico	
		As^{3+} arsênio III arsenioso		As^{5+} arsênio V arsênico
		Sb^{3+} antimônio III antimonioso		Sb^{5+} antimônio V antimônico

Fonte: FONSECA, M. R. M. **Química: ensino médio**. V.1, 2 ed. São Paulo: Ática, 2016.

Atividade VI – Arranjo Cristalino do Cloreto de Sódio

Arranjo: cúbico de três eixos o Na⁺ e 6 para o Cl⁻

Número de coordenação: 6 para

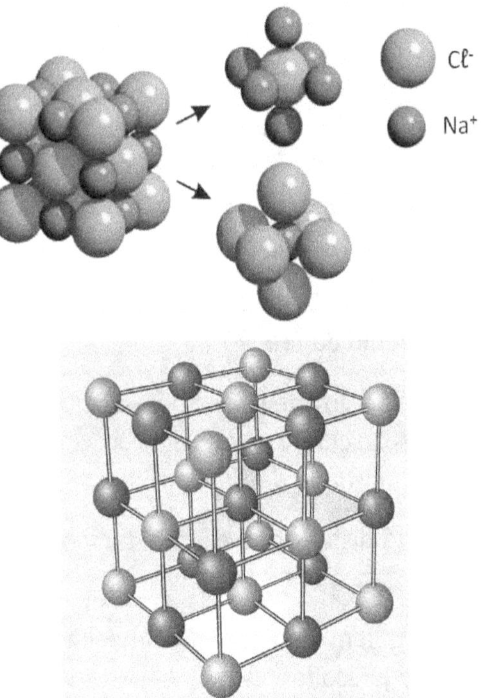

Fonte:https://conhecimentocientifico.r7.com/ligacao-ionica/
https://www.preparaenem.com/quimica/propriedades-dos-compostos-ionicos.htm

Atividade VII – Atividade Experimental

Observe a queima de um pedaço de fita de magnésio metálico na presença do oxigênio do ar. Analise suas cinzas.

IMPORTANTE: essa atividade só deve ser executada com material de proteção, inclusive óculos de proteção ultravioleta, em ambiente ventilado e distante de materiais inflamáveis ou combustíveis.

Podemos escrever os **reagentes** dessa queima como: **Mg(s) + ½O₂(g)**. Considere que o calor da chama fornece a energia de ativação dessa reação, atomizando os reagentes no seu estado gasoso. Sabendo o número atômico de cada elemento $_{12}$Mg e $_8$O, responda:

a) Preveja a fórmula unitária do composto iônico formado como produto da reação.

b) Qual elemento deve perder e qual deve ganhar elétrons? Calcule o caráter iônico com a diferença de eletronegatividade de Pauling.

c) Através da distribuição eletrônica, mostre como ocorre a ligação iônica entre Mg e O.

d) Através da fórmula eletrônica, mostre o íon fórmula do composto iônico formado.

Atividade VIII - Pesquisa e Seminário: Minerais e Nutrientes

Cada equipe terá um dos três temas sorteados para desenvolvimento de uma pesquisa e apresentação de seminário para a turma. A participação e discussão também fará parte da avaliação.

1 - O que são minerais? Cite alguns exemplos, como são formados, sua composição química e principais características. Existem minerais formados por íons e que fazem ligação iônica?

2 - Nutrientes minerais do solo: quais são os macronutrientes e micronutrientes do solo essenciais para as plantas? Existe algum composto iônico? Uso de fertilizantes minerais para adubação de culturas e correção do solo. Faça análise de rótulos (composição).

3 - Cooperativas agrícolas: quais são os tipos de fertilizantes e corretivos de solos comercializados? Qual é o papel das cooperativas para viabilizar o uso adequado desses fertilizantes e corretivos por parte dos agricultores?

Atividade IX – Atividades Propostas

1) O que diz a regra do octeto? Explique como se forma a ligação iônica e o que mantém os sólidos iônicos unidos.

2) Quantos elétrons um átomo de enxofre deve ganhar para atingir um octeto em seu nível de valência? Se um átomo tem configuração eletrônica $1s^2\ 2s^2\ 2p^6\ 3s^1$, ele ganhará ou perderá elétrons para atingir o octeto?

3) Em relação à formação de substâncias iônicas, selecione a(s) afirmação(ões) correta(s) e forneça a soma do(s) número(s) da(s) alternativa(s) selecionada(s).

01. São necessariamente substâncias compostas.

02. Também podem ser substâncias simples.

04. O átomo de magnésio isolado, $_{12}Mg_{(g)}$: $1s^2\ 2s^2\ 2p^6\ 3s^2$, é instável, mas o cátion magnésio isolado, $_{12}Mg^{2+}(g)$: $1s^2\ 2s^2\ 2p^6$, cuja configuração eletrônica é igual à do gás nobre neônio, $_{10}Ne$: $1s^2\ 2s^2\ 2p^6$, é estável.

08. O que torna uma substância iônica estável é a formação do retículo cristalino que ocorre com a liberação de energia pela atração elétrica entre íons de cargas opostas.

16. As substâncias iônicas são formadas por uma quantidade imensa e indeterminada de cátions e ânions que se agrupam segundo um arranjo geométrico definido e são representadas por uma fórmula unitária que é a menor proporção de cátions e ânions, cujas cargas se anulam (a soma das cargas é igual a zero).

4) Consulte a tabela periódica e, através da fórmula eletrônica, determine a fórmula unitária do composto iônico formado entre os elementos:
a) Al e F.
b) K e S.
c) Li e O.
d) Mg e N.

5) (UFV-MG) Os compostos formados pelos pares Mg e Cl, Ca e O, Li e O e K e Br possuem fórmulas cujas proporções entre os cátions e os ânions são, respectivamente:
Dados: $_3$Li; $_8$O; $_{12}$Mg; $_{17}$Cl; $_{19}$K; $_{20}$Ca; $_{35}$Br.
a) 1 : 1   2 : 2   1 : 1   1 : 2.
b) 1 : 2   1 : 2   1 : 1   1 : 1.
c) 1 : 1   1 : 2   2 : 1   2 : 1.
d) 1 : 2   1 : 1   2 : 1   1 : 1.
e) 2 : 2   1 : 1   2 : 1   1 : 1.

6) Ao reagir com o cloro, o elemento potássio perde somente um elétron por átomo, ao passo que o cálcio perde dois. Nessas duas situações, quais compostos iônicos são formados? Qual deles você espera ter maior ponto de fusão e de ebulição?

Atividade X – Atividade Complementar

Faça a leitura do texto "**Der Schwarzer Berthold**", do livro *Barbies, bambolês e bolas de bilhar* (Schwarcz, 2009, p. 28), disponível no sistema do aluno, a respeito da lendária história da pólvora. Responda:

1) A quem se atribui a descoberta da pólvora?
2) Qual foi a composição da pólvora negra, descrita pelo monge inglês Roger Bacon, em 1947? E como ficou a fórmula corrigida após otimizar seu poder explosivo?

3) Sabemos que a pólvora contém salitre (nitrato de potássio), enxofre e carvão. Sua queima pode formar diversos subprodutos, mas uma possível representação dessa reação é: $10KNO_{3(s)} + 3S_{(s)} + 8C_{(s)} \rightarrow 2\,K_2CO_{3(s)} + 3K_2SO_{4(s)} + 6CO_{2(g)} + 5N_{2(g)}$.
   a) Quais são as substâncias simples e quais são as compostas dessa reação?
   b) Identifique os compostos iônicos que fazem parte da reação química.
   c) Escreva, separadamente, os íons que formam cada composto iônico presente na reação química.

Capítulo 4

Equilíbrio Químico

Plano de Aula sobre Equilíbrio Químico

Tema: Deslocamento do Equilíbrio Químico
Curso: Ensino Médio
Componente Curricular: Química
Tempo da aula: 4 horas/aula
Série: 2º ano

Conteúdo

Princípio de Le Chatelier e fatores que afetam o estado de equilíbrio.

Pré-requisitos dos alunos

Os alunos devem ter estudado anteriormente os conteúdos de: termoquímica, cinética química, reações reversíveis e irreversíveis, equilíbrio dinâmico, cálculo da constante de equilíbrio químico a partir de pressões parciais e da concentração de reagentes ou produtos no equilíbrio, equilíbrio homogêneo e heterogêneo.

Objetivos de aprendizagem

Gerais:
Deseja-se que o aluno compreenda que o equilíbrio químico é dinâmico e como os fatores externos podem deslocá-lo, favorecendo reagentes ou produtos. Além disso, que consiga aplicar os conceitos aprendidos na resolução de problemas e no entendimento de questões cotidianas.

Específicos:

* Entender como a adição de um reagente ou produto da reação em equilíbrio, aumentando sua concentração, desloca o equilíbrio para o lado oposto, devido à maior velocidade causada na reação naquele sentido. Já a retirada de um reagente ou produto, que diminui sua concentração, provoca o deslocamento do equilíbrio para o mesmo lado que ocorreu a retirada, devido à menor velocidade naquele sentido.

* Saber analisar se a alteração da pressão e/ou volume do sistema reacional, causará alteração no estado de equilíbrio e para qual sentido ele se deslocará.

* Compreender que a constante de equilíbrio de uma reação é dependente da temperatura, sendo que uma alteração na mesma implica em um novo valor de constante, de acordo com a característica endotérmica ou exotérmica da reação em equilíbrio.

* Perceber a importância da síntese industrial da amônia e os desafios para sua produção, de acordo com o processo de Haber-Bosch.

Esquema de conteúdo

A sequência de abordagem dos conteúdos seguirá o esquema abaixo:

* Revisão de conteúdo: conceito de equilíbrio químico e constante de equilíbrio.
* Princípio de Le Chatelier.
* Deslocamento do equilíbrio químico a partir da:
  - variação da concentração de reagentes ou produtos;
  - alteração do volume e/ou pressão do sistema;
  - mudança da temperatura.

> * Processo de Haber-Bosch de produção industrial da amônia.

Metodologia

Esta aula foi planejada para ocorrer de forma expositiva, contando com a participação dialógica dos alunos.

Serão usados os recursos didáticos: lousa, giz ou pincel, apagador, material de apoio impresso mostrando as reações em equilíbrio químico da parte prática e a planta do processo de produção de amônia, materiais para demonstração experimental como: solução de fenolftaleína, soluções aquosas de ácido clorídrico e hidróxido de sódio, béqueres, erlenmeyer, pissete com água destilada, "caneca mágica", garrafas térmicas com água quente e água gelada, bandeja metálica.

A aula se iniciará com a revisão do conceito de equilíbrio químico e constante de equilíbrio, com subsequente aplicação de uma avaliação diagnóstica (Atividade I), a ser retomada na conclusão da aula.

Na sequência, por meio de questionamentos sobre a alteração do estado de equilíbrio, será apresentado o princípio de Le Chatelier. Através do exemplo de uma reação em equilíbrio químico no estado gasoso (Ex.: PCl_3 e Cl_2 formando PCl_5 e liberando -124 kJ/mol de calor), serão abordados os fatores que alteram a condição de equilíbrio: variação da concentração de reagentes ou produtos, alteração da pressão e/ou volume do sistema reacional e mudança na temperatura. Outras reações de exemplo, como $CO_{2(g)}$ em água, hemoglobina com O_2 em água, hidróxiapatita (esmalte dos dentes) etc., também serão utilizadas, abordando de maneira problematizada e no contexto do aluno, sempre que possível.

Será feito a demonstração experimental de como o equilíbrio do indicador de pH fenolftaleína, que altera sua cor conforme o favorecimento do reagente ou produto com a variação da concentração de $H_3O^+_{(aq)}$ ou $OH^-_{(aq)}$ no meio, adicionando solução ácida ou alcalina num erlenmeyer com água e fenolftaleína (Atividade II). Através da exibição da imagem e do equilíbrio das antocianinas (Atividade III), será explicado a origem das diferentes cores das flores *hortênsias* de acordo com o pH do solo.

Também será demonstrado a alteração do equilíbrio da coloração de uma "caneca mágica" conforme a adição de água quente ou fria, devido ao equilíbrio da reação do *"Crystal Violet Lactone"*, cuja alteração estrutural provoca quebra de ressonância eletrônica e coloração (Atividade IV). Por fim, o processo de Haber-Bosch para produção industrial de amônia será mostrado e discutido com auxílio da projeção da imagem da planta industrial mostrada na Atividade V.

A leitura de textos abordando o assunto será incentivada, inclusive para a realização da atividade complementar (Atividade VII) sobre o texto "Brincando com substâncias químicas", do livro *Barbies, bambolês e bolas de bilhar* (Schwarcz, 2009), bem como do artigo "A Síntese da Amônia: Alguns Aspectos Históricos", da revista *Química Nova* (Chagas, 2007).

Avaliação

Os instrumentos propostos buscam avaliar de forma diagnóstica, formativa e somativa, mas eles devem estar alinhados aos critérios de avaliação do processo de ensino aprendizagem contidos no Regimento Escolar ou Projeto Pedagógico do Curso da instituição de ensino.

Após a revisão sobre equilíbrio químico e constante de equilíbrio, no início da aula, será entregue uma questão para ser resolvida (Atividade I) para diagnosticar o entendimento do conteúdo da aula anterior. Além disso, de forma oral e visual, a compreensão dos estudantes estará sendo avaliada mediante a participação durante a aula. Ao longo da aula, a realização das atividades para entendimento do conteúdo, bem como o empenho na resolução das atividades propostas (Atividade VI), que deverão ser mostradas ao professor na aula seguinte, antes da correção, também serão elementos da avaliação formativa.

Como componente somativo, será atribuído conceito a partir da apresentação de um seminário e da entrega de uma pesquisa, em formato escrito, em equipe, sobre um dos temas propostos na atividade VIII. Posteriormente, o tema da aula também irá compor parte de uma avaliação escrita, em conjunto com outros conteúdos pertinentes.

Os resultados do processo avaliativo serão emitidos na forma de conceito ou nota, conforme disposto no Projeto Pedagógico do Curso ou Regimento Escolar da instituição de ensino.

Como plano de recuperação paralela, será analisado, com base no desempenho nas avaliações propostas, qual instrumento avaliativo será mais adequado para oportunizar os alunos que não atingiram o aprendizado suficiente. Dentre os instrumentos, poderá ser usado: entrega da atividade complementar e atividades propostas, novo trabalho individual ou em equipe, teste escrito ou oral, resenha de texto ou artigo científico, relatório de atividade prática, auto avaliação, entre outros, de acordo com o que for mais adequado.

Referências

BROWN, T.; LEMAY, H. E.; BURSTEN, B. E. **Química: a Ciência Central**. 9 ed. Pearson Prentice-Hall, 2005.

CANTO, E.L.; PERUZZO, F.M. **Química na abordagem do cotidiano**. V. 2, 4 ed. São Paulo: Moderna, 2010.

CHAGAS, A.P. A Síntese da Amônia: Alguns Aspectos Históricos, **Quim. Nova**, v. 30, n. 1, 240-247, 2007.

FONSECA, M. R. M. **Química: ensino médio**. V.2, 2 ed. São Paulo: Ática, 2016.

GOVERNO DO ESTADO DO PARANÁ. Secretaria de Estado da Educação Básica. **Diretrizes Curriculares da Educação Básica – Química.** Paraná, 2008.

SANTOS, W. L. P.; MÓL, G. (coords.). **Química cidadã: ensino médio**. V.2, 3 ed. São Paulo: Editora AJS, 2016.

SCHWARCZ, JOE. **Barbies, bambolês e bolas de bilhar.** São Paulo: Zahar, 2009, p. 189.

Atividades propostas para as aulas

Atividade I – Avaliação Diagnóstica

Para o processo de Haber de síntese da amônia, se estabelece o equilíbrio:

$N_{2(g)} + 3H_{2(g)} \rightleftharpoons 2NH_{3(g)}$, a cerca de 500 ºC, cuja constante de equilíbrio podemos arredondar em $K = 3.10^{-5}$. Em uma mistura em equilíbrio dos três gases, nessa temperatura, a pressão parcial aproximada de N_2 é 0,3 atm e de H_2 é 1 atm. Com isso, responda:

a) Com base no valor de K, é possível estimar se há mais reagentes ou produtos na reação em equilíbrio?
b) Calcule a pressão parcial de NH_3 no equilíbrio.

Atividade II – Equilírbio da Fenolftaleína em Meio Ácido e Meio Alcalino

incolor $\quad + \quad OH^- \rightleftharpoons \quad$ vermelho $\quad + \quad H_3O^+$

Adaptado de FONSECA, M. R. M. **Química: ensino médio**. V.1, 2 ed. São Paulo: Ática, 2016.

Fonte: https://mundoeducacao.uol.com.br/quimica/indicadores-acido-base.htm

Atividade III – Equilíbrio das Antocianinas

A cor das hortênsias depende do pH do solo devido ás **ANTOCIANINAS**.

Em pH ácido, ficam vermelhas;

Em pH alcalino, ficam azuladas.

Fonte: https://tecnonoticias.com.br/agro/voce-pode-fazer-hortensias-mudarem-de-cor-conheca-o-truque-e-deixe-suas-flores-ainda-mais-coloridas/139504/

Fonte: http://www.sbq.org.br/ranteriores/23/resumos/0256/index.html

Atividade IV – Equilíbrio na "Caneca Mágica"

CRYSTAL VIOLET LACTONE (CVL)

azul (anel aberto)   incolor (anel fechado)

Fonte: C.F. Zhu, A.B. Wu. Studies on the synthesis and thermochromic properties of Crystal violet lactone and its reversible thermochromic complexes. **Thermochimica Acta,** 425, 2005. p. 7-12.

Atividade V – Produção Industrial de Amônia (processo de Haber-Bosch)

$$N_2(g) + 3H_2(g) \rightleftharpoons 2NH_3(g)$$

$$(\Delta H = -92,2 \text{ kJ}, K = 2,9.10^{-5} \text{ a } 472°C)$$

$$4\ NH_3(g) + 5O_2(g) \xrightarrow{Pt} 4\ NO(g) + 6\ H_2O(v)$$

$$2\ NO(g) + 1\ O_2(g) \longrightarrow 2\ NO_2(g)$$

$$2\ NO_2(g) + 1\ H_2O(v) \longrightarrow 1\ HNO_3(aq) + 1\ HNO_2(aq)$$

$$1\ HNO_3(aq) + 1\ NH_3(g) \longrightarrow \mathbf{1\ NH_4NO_3(aq)}$$

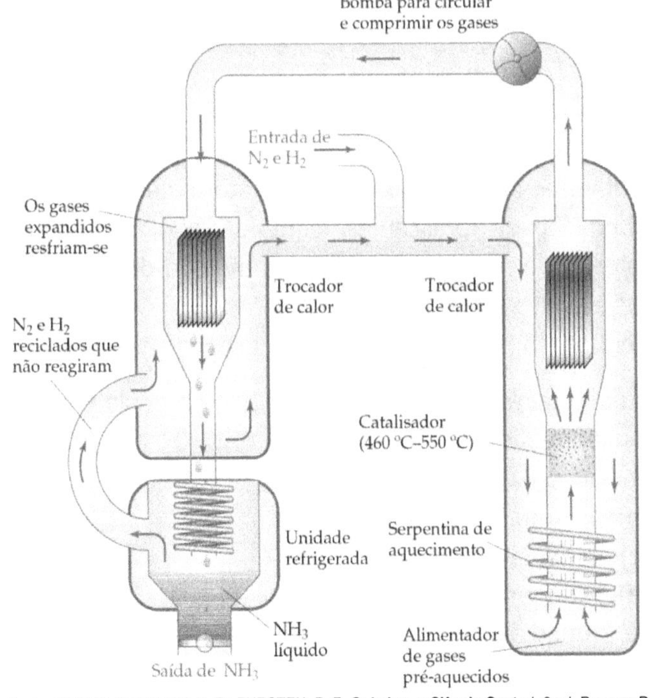

Fonte: BROWN, T.; LEMAY, H. E.; BURSTEN, B. E. **Química: a Ciência Central**. 9 ed. Pearson Prentice-Hall, 2005, p. 551.

A temperatura na unidade refrigerada é baixa o suficiente para **liquefazer** apenas a amônia:

pE (NH_3) = -33,34 °C   pE (H_2) = -252,9 °C   pE (N_2) = -195,8 °C

Atividade VI – Atividades Propostas

1) (UEL-PR) Considere o equilíbrio à temperatura T:
$$1\ CO(g) + 1\ H_2O(g) \rightleftharpoons 1\ CO_2(g) + 1\ H_2(g)$$
Sem alterar a temperatura, é possível aumentar a concentração de dióxido de carbono:

I. acrescentando mais monóxido de carbono à mistura em equilíbrio.

II. acrescentando um gás inerte à mistura em equilíbrio.

III. aumentando a pressão da mistura em equilíbrio.

   a) Somente I é certa.
   b) Somente II é certa.
   c) Somente III é certa.
   d) Todas erradas.
   e) Outra combinação.

2) A amônia, $NH_3(g)$, é uma importante matéria-prima para a fabricação de fertilizantes, corantes, explosivos, etc. Sua obtenção é feita geralmente pelo método de Haber-Bosch, que envolve a reação:
$$1\ N2(g) + 3\ H2(g) \rightleftharpoons 2\ NH3(g) \qquad (\Delta H = -22\ kcal)$$

Indique para que lado esse equilíbrio se desloca quando a concentração de:

   a) nitrogênio aumenta.
   b) hidrogênio aumenta.
   c) amônia aumenta.
   d) nitrogênio diminui.
   e) amônia diminui.

3) Por que a rapidez de uma reação geralmente cresce quando se aumenta a concentração de um dos constituintes dessa reação? Qual é a relação disso com o deslocamento do equilíbrio em relação à concentração?

4) O ácido acetilsalicílico (AAS) é um medicamento tomado por milhões de pessoas para aliviar as dores (e geralmente sem prescrição médica, o que é muito perigoso). E por que é perigoso? Por ser um ácido, a aspirina sofre ionização em meio aquoso, estabelecendo o seguinte equilíbrio químico:

$AAS(s) + H_2O(l) \rightleftharpoons AAS^{1-}(aq) + H_3O^+(aq)$

O $AAS^{1-}(aq)$, ou seja, na forma aniônica, não passa através da camada protetora das paredes do estômago. Porém, sua forma neutra (AAS), pode atravessar essa proteção, causando hemorragia em algumas pessoas, com graves consequências.

a) Pensando no deslocamento do equilíbrio, quando se toma a aspirina, ao chegar no estômago (meio muito ácido), existe algum risco da forma neutra se formada?

b) Para evitar o risco de hemorragias, qual deve ser a recomendação na hora de tomar a aspirina?

5) (UEL-PR) O odor de muitas frutas e flores deve-se à presença de ésteres voláteis. Alguns ésteres são utilizados em perfumes, doces e chicletes para substituir o aroma de algumas frutas e flores. Como exemplos, podemos citar o acetato de isopentila, que dá o odor característico de banana, e o acetato de etila, que dá o odor das rosas. Este último provém da reação entre o ácido acético e o álcool etílico, como demonstrado na reação a 100 °C.

$CH_3COOH_{(l)} + CH_3CH_2OH_{(l)} \rightleftharpoons CH_3COOCH_2CH_{3(l)} + H_2O_{(l)} \quad K_C = 3,8$

Se as concentrações de $CH_3COOCH_2CH_3(,)$ e $H_2O(,)$ forem dobradas em seus valores no equilíbrio, na mesma temperatura, então qual será o valor de $K\,C$? Justifique sua resposta.

a) 7,6.   b) 3,8.   c) 1,9.   d) 0,95.   e) 1,27.

6) (UEMG) As equações a seguir representam sistemas em equilíbrio. O único sistema que não se desloca por alteração de pressão é:

a) $SO_2(g) + 1/2\,O_2(g) \rightleftharpoons SO_3(g)$

b) $CO_2(g) + H_2(g) \rightleftharpoons CO(g) + H_2O(g)$

c) $N_2(g) + 3\,H_2(g) \rightleftharpoons 2\,NH_3(g)$

d) $2\,CO_2(g) \rightleftharpoons 2\,CO(g) + O_2(g)$

7) (IFSul-RS) No antigo Egito, por aquecimento do esterco de camelo, era obtido um sal que ficou conhecido como sal amoníaco, NH_4Cl, em homenagem ao deus Amon. Na decomposição desse sal, forma-se a amônia, NH_3, que é utilizada como matéria-prima para a fabricação de, entre outras coisas, produtos de limpeza, fertilizantes, explosivos, náilon e espumas para colchões. A síntese da amônia se dá pelo seguinte processo:

$$N_2(g) + 3\,H_2(g) \rightleftharpoons 2\,NH_3(g) \qquad \Delta H = -91,8\ kJ$$

Em relação ao equilíbrio acima, é correto afirmar que:

a) se aumentarmos a pressão sobre o sistema, diminuiremos o rendimento da reação.

b) se adicionarmos catalisador, deslocaremos o equilíbrio, favorecendo a reação direta.

c) ao reagirmos 6 mols de gás hidrogênio, produziremos 34 g de amônia.

d) a formação de NH_3 é favorecida pela diminuição da temperatura do sistema.

8) Considere o seguinte sistema em equilíbrio:

$$4NH_3(g) + 3O_2(g) \rightleftharpoons 2N_2(g) + 6H_2O(g)\ \Delta H = +1531\ kJ$$

a) Caso sistema em equilíbrio seja perturbado pela adição de N2, em que direção deverá ocorrer o favorecimento da reação?

b) Caso o sistema em equilíbrio seja aquecido, em que sentido deverá ocorrer o favorecimento da reação?

Atividade VII – Atividade Complementar

Leia o texto, deixado no Sistema do Aluno, "Brincando com substâncias químicas", do livro *Barbies, bambolês e bolas de bilhar* (Schwarcz, 2009, p. 39), disponível no sistema do aluno, a respeito de jogos e experimentos de química e porque as crianças quase não têm mais contato com essa forma de aprender ciência. Preste atenção no experimento sobre o aparelho químico de previsão do tempo, construído com cloreto de cobalto ($CoCl_2$). Responda:

1) O $CoCl_2$ é um sal higroscópico que muda de cor com a mudança de humidade do ar, de acordo com o equilíbrio abaixo. Ela é a substância do, antigamente famoso, "galo do tempo".

$$Co(H_2O)_6^{2+}(aq) + 4Cl^-(aq) \rightleftharpoons CoCl_4^{2-}(aq) + 6H_2O(l)$$
rosa   azul

Através do princípio de Le Châtelier, explique porque o galo do tempo fica azul quando o dia está seco e rosa quando vai chover.

2) Analise a reflexão do texto sobre a falta de entusiasmo e curiosidade das crianças de hoje em relação à química e questões relativas às ciências. Qual é o seu ponto de vista sobre isso?

Anexo VIII - Trabalho em Equipe / Seminário

O protagonismo do Nitrogênio e da Amônia

Cada equipe terá um dos três temas sorteado para desenvolvimento de um trabalho de pesquisa (escrito) e apresentação de seminário para a turma. A participação e discussão também fará parte da avaliação.

1 - Ciclo do nitrogênio e a química do nitrogênio.

2 - Fontes de nitrogênio para a agricultura e correção de solos.

3 - A História da síntese da amônia.

4 - Riscos no uso industrial da amônia, acidentes e medidas de proteção.

Capítulo 5

Eletroquímica

Plano de Aula sobre Eletroquímica

Tema: Pilhas e diferença de potencial elétrico
Curso: Ensino Médio
Componente Curricular: Química
Tempo da aula: 4 horas/aula
Série: 2º ano

Conteúdo

Eletroquímica: história das pilhas, pilha de Daniell e potencial elétrico.

Pré-requisitos dos alunos

É preciso que os alunos tenham estudado anteriormente alguns conceitos básicos de eletroquímica: número de oxidação (NOX) e suas regras, conceitos de oxidação, redução, agente oxidante, agente redutor, reações de oxirredução, eletrodo padrão de hidrogênio (EPH) e potencial-padrão de redução. Também é importante que o aluno compreenda processos de equilíbrio químico e propriedades periódicas dos elementos.

Objetivos de aprendizagem

Gerais:
Espera-se que os estudantes percebam a importância das pilhas e baterias na sociedade, as tecnologias relacionadas e os processos eletroquímicos que ocorrem na natureza. Que compreendam seu funcionamento e o potencial elétrico

gerado com a reação global que ocorre em seu interior, que consigam calcular a diferença de potencial e resolver problemas que demandam o entendimento da eletroquímica.

Específicos:

- Compreender os processos de transferência de elétrons que ocorrem nas pilhas entre o anodo e o catodo;
- Conseguir escrever as semi-reações de oxidação e redução, bem como a reação global que permite a geração de eletricidade em uma pilha ou bateria;
- Calcular a diferença de potencial elétrico (d.d.p.) de uma pilha através do potencial-padrão de redução das semi-reações envolvidas no processo;
- Compreender alterações do valor de d.d.p. calculado em relação ao obtido experimentalmente em função do consumo dos reagentes e das condições experimentais.

Esquema de conteúdo

A sequência de abordagem dos conteúdos seguirá o esquema abaixo:

- Revisão de conceitos de oxidação, redução, agente redutor e oxidante aplicados às reações de oxirredução.
- O uso das pilhas e baterias no cotidiano.
- Breve histórico do desenvolvimento das pilhas.
- Funcionamento da pilha de Daniell.
- Semi-reações de oxidação, redução e reação global das pilhas.
- Cálculo da diferença de potencial padrão (d.d.p.) da pilha através dos potenciais-padrão das semi-reações.
- Análise do potencial elétrico através da equação de Nernst.

> • Aplicação dos conceitos em pilhas construídas experimentalmente.

Metodologia

Nesta aula, serão usados os recursos didáticos: lousa, giz ou pincel, apagador, material de apoio impresso, pilhas e baterias comerciais, multímetro, limão, pedaços de fio de cobre, pregos, parafusos, prato, papel toalha.

Será desenvolvida uma aula expositiva com participação dialógica dos alunos, iniciando com uma breve retomada de conceitos importantes de eletroquímica. Serão abordados nessa revisão os processos de oxidação, redução, agente redutor e agente oxidante aplicados em uma reação conhecida como, por exemplo, a oxidação do ferro na presença de $O_2(g)$, necessários para o entendimento da aula. Será aplicada, em seguida, uma atividade como avaliação diagnóstica (Atividade I).

As discussões sobre pilhas serão iniciadas contextualizando a respeito da importância do tema em diversos aspectos: equipamentos eletrônicos portáteis, smartphones, câmeras, notebooks, carros elétricos, marca-passo cardíaco, eletrodos para exames de análises clínicas e monitoramento ambiental etc. Depois, fazer a reflexão de um recorte do texto "Um choque de bobagem elétrica" (Schwarcz, 2009, p.189), sobre os usos de pilhas e baterias e a alusão do charlatanismo científico (Atividade IX).

Será apresentada a história do desenvolvimento das pilhas, desde Luigi Galvani e Alessandro Volta (mostrando a imagem da Atividade II) até a famosa pilha de Daniell, cujo funcionamento será explicando na lousa, com auxílio também da sua imagem projetada (Atividade III), chegando às semi-reações de oxidação e redução e a reação global.

A demonstração prática da diferença de potencial (d.d.p.) elétrico de uma pilha será feita medindo a d.d.p. de pilhas e baterias comerciais, evidenciando a variação de potencial conforme o uso. Em seguida, através de uma breve retomada da utilidade e funcionamento do Eletrodo Padrão de Hidrogênio (EPH) (Atividade IV) e das medidas de potencial padrão de semi-reações baseadas no EPH (Atividade V), será utilizada a tabela de potenciais-padrão de redução (Atividade VI) para que os alunos aprendam a calcular a variação de potencial-padrão (ΔE^o) da pilha de Daniell e de outras reações.

Com o auxílio da equação de Nernst, será demonstrado como o potencial de uma pilha diminui com o tempo de uso e varia com as condições ambientes, através de exemplos calculados para a reação da pilha de Daniell.

Por fim, uma "pilha de limão" será construída usando prego e fio de cobre como eletrodos, cuja medida da d.d.p. será feita com um voltímetro. Com isso, os estudantes serão orientados a pensar sobre o processo eletroquímico ocorrido nessa pilha, a escrever sua reação global e calcular o ΔE^o. Em seguida, realizarão a atividade experimental de montagem de outra pilha de limão, conforme Atividade VII.

Após a atividade prática, os alunos serão informados sobre as atividades propostas e complementares (Atividades VIII e IX) disponibilizadas no *Google Classroom* para estudo. Além disso, serão repassadas as orientações de pesquisa para o preparo de um seminário sobre descarte de pilhas e baterias e seu processo de reciclagem e tratamento dos resíduos em cooperativas ou empresas (Atividade X). Todos os materiais utilizados na aula serão disponibilizados na plataforma virtual da turma.

Avaliação

Os instrumentos propostos buscam avaliar de forma diagnóstica, formativa e somativa, mas eles devem estar alinhados aos critérios de avaliação do processo de ensino aprendizagem contidos no Regimento Escolar ou Projeto Pedagógico do Curso da instituição de ensino.

No início da aula, será realizada a avaliação diagnóstica mediante a aplicação de uma questão (Atividade I) para verificar a compreensão dos conceitos estudados nas aulas anteriores sobre reações de oxirredução.

Em conjunto com a avaliação diagnóstica, também será feito a avaliação formativa, analisando a participação do aluno durante as aulas, a interação colaborativa com os colegas de equipe, a compreensão dos conteúdos e a realização das atividades propostas.

Como componente somativo, será atribuído conceito ou nota a partir das respostas às questões orientadoras da atividade experimental (Atividade VII), realizadas em equipe. Também será considerado a apresentação do seminário (Atividade X) sobre o descarte de pilhas e baterias e, posteriormente, o tema da aula irá compor parte de uma avaliação escrita objetiva e discursiva, em conjunto com outros conteúdos de eletroquímica estudados.

Como plano de recuperação paralela, será analisado, com base no desempenho nas avaliações propostas, qual instrumento avaliativo será mais adequado para oportunizar os alunos que não atingiram a aprendizagem suficiente. Dentre os instrumentos, poderá ser usado: entrega das atividades propostas (Atividade VIII) e atividade complementar (Atividade IX), novo trabalho individual ou em equipe, teste escrito ou oral, resenha de texto ou artigo científico, relatório de atividade prática, auto avaliação, entre outros, de acordo com o que for mais adequado.

Referências

BROWN, T.; LEMAY, H. E.; BURSTEN, B. E. **Química: a Ciência Central**, 9. ed., Pearson Prentice-Hall, 2005.

CANTO, E.L.; PERUZZO, F.M. **Química na abordagem do cotidiano**, vol. 2, 4. ed., São Paulo: Moderna, 2010.

CANTO, E.L.do. **Química na abordagem do cotidiano**, vol. 2, 1. ed., São Paulo: Saraiva, 2016.

FONSECA, M. R. M. **Química: ensino médio**, vol. 2, 2. ed., São Paulo: Ática, 2016.

GOVERNO DO ESTADO DO PARANÁ. Secretaria de Estado da Educação Básica. **Diretrizes Curriculares da Educação Básica – Química.** Paraná, 2008.

GODOY, L.; AGNOLO, R.M.D.; MELO, W.C. **Ciências da Natureza – Eletricidade na Sociedade e na Vida**, 1. ed., São Paulo: Editora FTD, 2020.

SCHWARCZ, JOE. **Barbies, bambolês e bolas de bilhar**, São Paulo: Zahar, 2009, p. 189.

Atividades propostas para as aulas

Atividade I – Avaliação Diagnóstica

A fotossíntese das plantas é uma reação que ocorre com transferência de elétrons. Mostre o processo de oxirredução que ocorre, indicando qual elemento sofre oxidação, qual sofre redução, qual reagente é o agente oxidante e qual é o redutor.

$$6CO_2(g) \ + \ 6H_2O(l) \ \rightarrow \ C_6H_{12}O_6(s) \ + \ 6O_2(g)$$

Redução:__________   Ag. oxidante:__________

Oxidação:__________   Ag. redutor:__________

Atividade II – A Pilha de Alessandro Volta (1800)

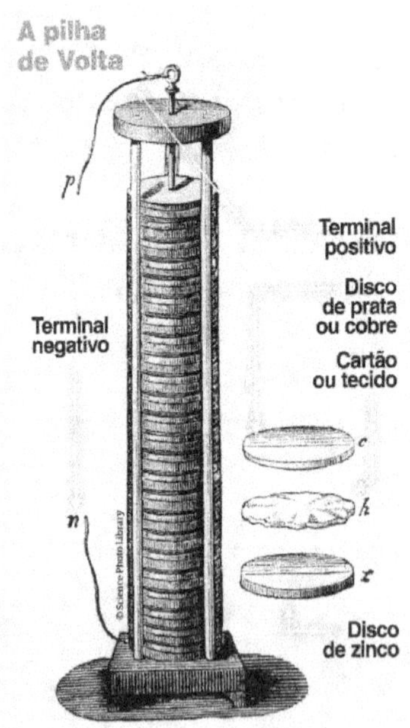

Fonte: FONSECA, M. R. M. **Química: ensino médio**. V.1, 2 ed. São Paulo: Ática, 2016 Imagem disponível em: https://blog.fornell.com.br/2020/01/14/historia-da-eletricidade-alessandro-volta/

Atividade III – Pilha de Daniell (1836)

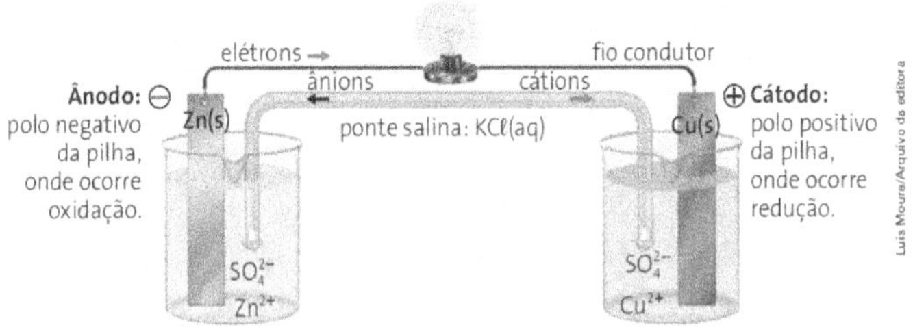

Notação química de uma pilha:

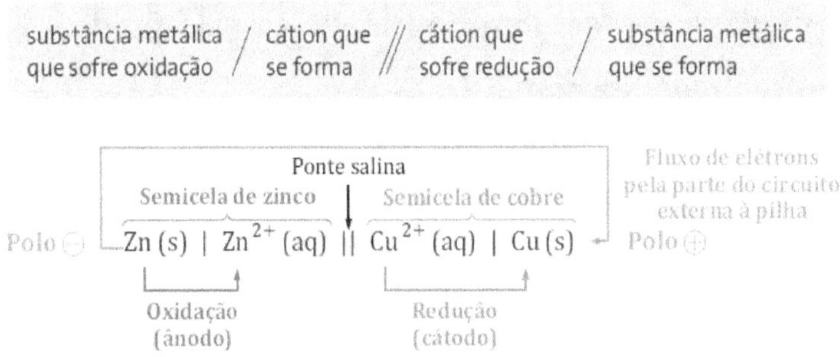

Fonte:
CANTO, E.L.do. **Química na abordagem do cotidiano**, V. 3, 1. ed., São Paulo: Saraiva, 2016.
FONSECA, M. R. M. **Química: ensino médio**. V.1, 2. ed. São Paulo: Ática, 2016.

Atividade IV – Eletrodo Padrão de Hidrogênio (EPH)

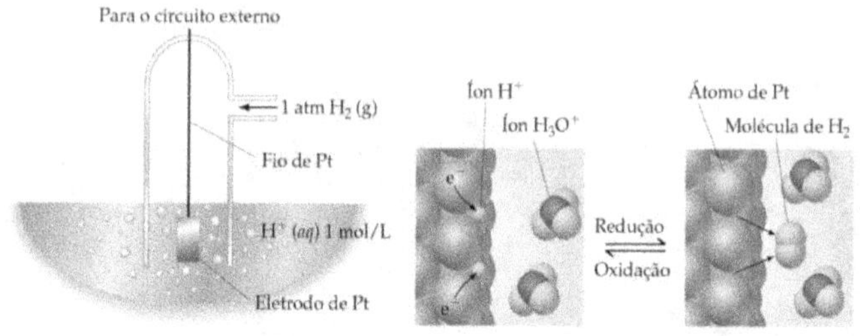

$$2H^+ + 2e^- \rightleftharpoons H_{2(g)} \quad E^\circ_{red} = 0,0\ V \qquad ou \qquad 2H_3O^+ + 2e^- \rightleftharpoons H_2 + 2H_2O \quad E^\circ_{red} = 0,0\ V$$

Fonte: BROWN, T.; LEMAY, H. E.; BURSTEN, B. E. **Química: a Ciência Central**. 9. ed. Pearson Prentice-Hall, 2005.

Atividade V – Medidas de Potenciais padrão de outras reações com EPH

$$E^\circ_{cel} = E^\circ_{red}\ (catodo) - E^\circ_{red}\ (anodo)$$

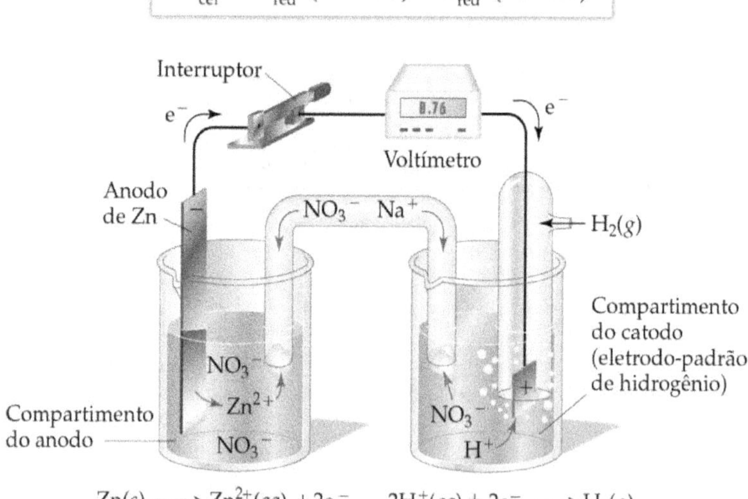

$$Zn(s) \longrightarrow Zn^{2+}(aq) + 2e^- \qquad 2H^+(aq) + 2e^- \longrightarrow H_2(g)$$

Fonte: BROWN, T.; LEMAY, H. E.; BURSTEN, B. E. **Química: a Ciência Central**. 9. ed. Pearson Prentice-Hall, 2005.

Atividade VI – Potenciais-padrão de redução (E⁰) em água, a 25 ºC

Equação da semirreação					E° (V)
Li^+ (aq)	+	e^-	$\rightleftarrows$	Li (s)	$-3{,}04$
K^+ (aq)	+	e^-	$\rightleftarrows$	K (s)	$-2{,}93$
Ca^{2+} (aq)	+	$2\,e^-$	$\rightleftarrows$	Ca (s)	$-2{,}87$
Na^+ (aq)	+	e^-	$\rightleftarrows$	Na (s)	$-2{,}71$
Mg^{2+} (aq)	+	$2\,e^-$	$\rightleftarrows$	Mg (s)	$-2{,}38$
Al^{3+} (aq)	+	$3\,e^-$	$\rightleftarrows$	Al (s)	$-1{,}66$
$2\,H_2O$ (l)	+	$2\,e^-$	$\rightleftarrows$	H_2 (g) + $2\,OH^-$ (aq)	$-0{,}83$
Zn^{2+} (aq)	+	$2\,e^-$	$\rightleftarrows$	Zn (s)	$-0{,}76$
Fe^{2+} (aq)	+	$2\,e^-$	$\rightleftarrows$	Fe (s)	$-0{,}45$
Cd^{2+} (aq)	+	$2\,e^-$	$\rightleftarrows$	Cd (s)	$-0{,}40$
Sn^{2+} (aq)	+	$2\,e^-$	$\rightleftarrows$	Sn (s)	$-0{,}14$
Pb^{2+} (aq)	+	$2\,e^-$	$\rightleftarrows$	Pb (s)	$-0{,}13$
Fe^{3+} (aq)	+	$3\,e^-$	$\rightleftarrows$	Fe (s)	$-0{,}04$
$2\,H^+$ (aq)	+	$2\,e^-$	$\rightleftarrows$	H_2 (g)	$0{,}00$
Sn^{4+} (aq)	+	$2\,e^-$	$\rightleftarrows$	Sn^{2+} (aq)	$+0{,}15$
Cu^{2+} (aq)	+	$2\,e^-$	$\rightleftarrows$	Cu (s)	$+0{,}34$
O_2 (aq) + $2\,H_2O$ (l)	+	$4\,e^-$	$\rightleftarrows$	$4\,OH^-$ (aq)	$+0{,}40$
Cu^+ (aq)	+	e^-	$\rightleftarrows$	Cu (s)	$+0{,}52$
I_2 (s)	+	$2\,e^-$	$\rightleftarrows$	$2\,I^-$ (aq)	$+0{,}54$
MnO_4^- (aq) + $2\,H_2O$ (l)	+	$3\,e^-$	$\rightleftarrows$	MnO_2 (s) + $4\,OH^-$ (aq)	$+0{,}60$
Fe^{3+} (aq)	+	e^-	$\rightleftarrows$	Fe^{2+} (aq)	$+0{,}77$
Ag^+ (aq)	+	e^-	$\rightleftarrows$	Ag (s)	$+0{,}80$
Br_2 (l)	+	$2\,e^-$	$\rightleftarrows$	$2\,Br^-$ (aq)	$+1{,}09$
O_2 (aq) + $4\,H^+$ (aq)	+	$4\,e^-$	$\rightleftarrows$	$2\,H_2O$ (l)	$+1{,}23$
Cl_2 (g)	+	$2\,e^-$	$\rightleftarrows$	$2\,Cl^-$ (aq)	$+1{,}36$
Au^{3+} (aq)	+	$3\,e^-$	$\rightleftarrows$	Au (s)	$+1{,}50$
MnO_4^- (aq) + $8\,H^+$ (aq)	+	$5\,e^-$	$\rightleftarrows$	Mn^{2+} (aq) + $4\,H_2O$ (l)	$+1{,}51$
F_2 (g)	+	$2\,e^-$	$\rightleftarrows$	$2\,F^-$ (aq)	$+2{,}87$

Fonte: HAYNES, W. M. *CRC Handbook of Chemistry and Physics*. 92. ed. Boca Raton: CRC Press, 2011. p. 5-80 ss.

Atividade VII – Atividade Experimental: Potencial da pilha de limão e de pilhas comerciais

PARTE 1: Com o apoio de seus colegas de equipe, construa uma pilha de limão, cujos eletrodos sejam um fio de cobre e um parafuso (considere o zinco presente no parafuso como a espécie que participa da oxirredução). Antes de montar, use uma palha de aço para lixar todas as peças metálicas, tirando toda a oxidação e sujeira. Meça a d.d.p da pilha. Agora responda:

a) Qual foi o resultado experimental da d.d.p.?

b) Explique o funcionamento dessa pilha, indicando a substância que sofre oxidação, a que sofre redução e indique os polos (+ ou -) dos eletrodos.

c) Mostre as semi-reações de oxidação e redução, bem como a reação global da pilha.

d) Calcule o ΔE^o e compare com o valor experimental de d.d.p. Qual pode ser a causa de possíveis diferenças nos valores?

PARTE 2: Meça e anote a d.d.p. para uma pilha seca ácida (comercial), depois, para duas e três associações em série do mesmo tipo de pilha. Faça o mesmo também para a pilha **com parafuso e cobre em meio ácido (H^+) do limão. Preencha os valores na tabela:**

Pilhas em série	Parafuso/cobre/H^+ (V)	Pilha seca (comercial) (V)
Uma pilha		
Duas pilhas		
Três pilhas		

a) O que aconteceu com os valores de d.d.p. ao associar as pilhas em série? Justifique.

b) Pesquise qual é a diferença entre pilhas e baterias. Apresente um breve resumo da sua pesquisa.

c) Supondo que você queira montar uma bateria que gere aproximadamente 3 volts usando zinco e cobre em meio ácido, quantas associações em série dessa pilha seria necessário? Justifique sua resposta.

Potenciais padrão de redução das semi-reações para a atividade experimental e atividades propostas

	Semi-reação	$E^o{}_{red}$ (V)
Zinco	$Zn^{2+}{}_{(aq)} + 2e^- \rightarrow Zn_{(s)}$	-0,76
Ferro	$Fe^{2+}{}_{(aq)} + 2e^- \rightarrow Fe_{(s)}$	-0,44
EPH	$2H^+{}_{(aq)} + 2e^- \rightarrow H_{2(g)}$	0,00
Cobre	$Cu^{2+}{}_{(aq)} + 2e^- \rightarrow Cu_{(s)}$	+0,34
Óxido de manganês	$2\ MnO_{2(aq)} + 2NH_4{}^+{}_{(aq)} + 2e^- \rightarrow Mn_2O_{3(s)} + 2NH_{3(g)} + H_2O_{(l)}$	+0,74

Atividade VIII – Atividades Propostas

1) Explique como funciona a pilha de **Ferro e Cobre em meio ácido (H^+)** que construímos. Indique quais substâncias sofrem redução, quais sofrem oxidação, qual eletrodo funciona como catodo e qual é o anodo.

Obs.: Lembre-se que o fio de cobre NÃO está em uma solução de $Cu^{2+}(aq)$, mas sim em uma solução ácida, com $H^+(aq)$.

2) Usando a tabela de potencias padrão de redução, monte as semi-reações de oxidação e redução e a reação da pilha de **Ferro e Cobre em meio ácido (H^+)**. Calcule a diferença de potencial padrão da pilha (d.d.p. ou ΔE^0).

3) O valor da d.d.p. (ou ΔE^0) calculado na questão acima é igual ao obtido experimentalmente para uma pilha de **Ferro e Cobre em meio ácido (H^+)**? Qual pode ser a causa de possíveis diferenças nos valores?

4) A pilha seca ácida de Leclanché (comercial) possui um polo positivo (formado por grafita) envolvido por dióxido de manganês (MnO_2), carvão e uma pasta úmida contendo cloreto de amônio, cloreto de zinco e água. O polo negativo é o envoltório de zinco.

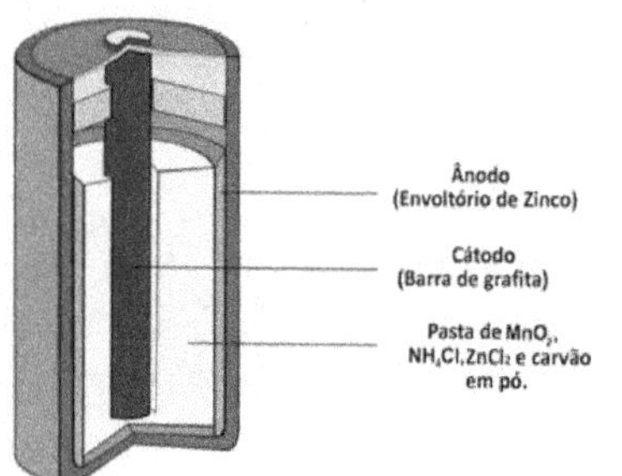

Considerando que o MnO_2 é o agente ativo do catodo, mostre as semi-reações de oxidação, de redução e a reação global da pilha seca ácida de Leclanché.

Fonte: https://brasilescola.uol.com.br/quimica/pilha-seca-leclanche.htm

Atividade IX – Atividade Complementar

Faça a leitura do texto "Um choque de bobagem elétrica", do livro *Barbies, bambolês e bolas de bilhar* (Schwarcz, 2009, p.189), a respeito dos usos de pilhas e baterias e a alusão do charlatanismo científico.

Em seguida, escreva uma resenha crítica destacando os avanços no uso da eletricidade através das pilhas e as pessoas "oportunistas" que usavam essa novidade da época para objetivos espúrios. Esse tipo de prática acontece ainda hoje?

Abaixo, segue o texto:

Um choque de bobagem elétrica

O fazendeiro de Vermont não conseguia dormir. O coração batia tão forte que ele achou que ia pular para fora do seu peito. Sem aguentar mais, saiu da cama e foi para fora caminhar um pouco. Na escuridão, tropeçou e caiu sobre a cerca eletrificada que havia instalado para impedir que as vacas andassem por ali. Quando se recuperou do choque, o fazendeiro alegrou-se ao descobrir que suas perturbadoras palpitações haviam passado. Esse inventivo homem fez uma extensão elétrica da cerca até sua casa e se tratou com ela sempre que necessário. Muito depois, procurou um médico por causa de outro transtorno e recusou qualquer conselho sobre as condições do seu coração, afirmando que já tinha resolvido o problema.

Depois de ouvir essa história, a maioria das pessoas, embora ficasse surpresa com o fato de o fazendeiro não ter se eletrocutado, aceitaria rapidamente a validade dessa "terapia" única. Além disso, o cinema e a televisão mostram com frequência corações reavivados por um choque aplicado ao peito. A desfibrilação, como é conhecido hoje esse processo,

é uma das poucas técnicas legítimas pelas quais um paciente pode se beneficiar da aplicação de uma corrente elétrica.

Mas são inúmeros os tratamentos elétricos ilegitimamente científicos, e eles dão margem a anedotas bem chocantes.

No final dos anos 1800, uma série de milagres foi apresentada a público norte-americano. O rádio de Marconi, o telefone de Bell e a lâmpada de Edison deram início à Era da Eletricidade. Se essa misteriosa força podia enviar o som através do ar e afastar a escuridão, ela não poderia também aplicar sua magia ao corpo humano? Os cientistas começaram a levar a questão a sério, mas, antes que pudessem lançar qualquer luz sobre ela, os impostores e charlatães entraram em jogo. Livres da necessidade de jogar segundo as regras da ciência, eles atraíram grande interesse com suas afirmações não substanciais e o jargão pseudocientífico.

Dizia-se que os cintos elétricos galvânicos curavam "doenças nervosas e crônicas sem remédios". Contendo baterias primitivas e feitos de pedaços de cobre e zinco separados por papel mata-borrão, eles liberavam uma corrente fraca que atingia o usuário crédulo, convencendo-o de que o processo de cura estava em andamento. Um dos desenhos mais populares tinha alças que se estendiam até os testículos. O cinto pretendia "restaurar a virilidade" perda que o fabricante atribuía "ao ultraje às ordenações sexuais da natureza que o homem pudesse perpetrar" – outra forma de falar de "masturbação". Os praticantes dessa transgressão contra a natureza podiam ser identificados pelas olheiras pretas e azuladas. Felizmente, também poderiam ser revitalizados e dissuadidos de empenhar-se em tal atividade pelo cinto galvânico.

Para os que desconfiavam dos equipamentos elétricos havia o linimento elétrico, ou pílulas que "continham 50 mil volts de eletricidade em uma garrafa de duas dracmas". A única coisa que os pacientes obtinham dessas coisas sem sentido era a conta do charlatão que as vendia. Certamente o decano dos charlatães elétricos foi o dr. Albert Abrams, médico treinado e praticante da medicina tradicional que, durante um período, no começo dos anos 1900, foi vice-presidente da California Medical Society. Quando se aproximava da idade madura, Abrams decidiu que a medicina comum não era para ele, e em 1909 inventou sua própria especialidade, que chamou de "espondiloterapia". Não havia mais necessidade alguma de depender dos sintomas ou do estetoscópio fara fazer um diagnóstico. Abrams decidira que podia identificar o problema observando como a coluna vertebral do paciente ressoava quando nela batia de leve. Depois de fazer o diagnóstico, Abrams ativaria a cura dos pacientes batendo um pouco mais na coluna no ritmo apropriado.

A ampla aceitação da eletricidade foi feita sob medida para Abrams: agora ele podia colocar suas idéias vibracionais em bases científicas. As doenças, declarou, são causadas por uma desarmonia das oscilações elétricas no corpo podem ser curadas por vibrações que tenham a mesma frequência da doença. Ele inventou um aparelho, que chamou de "dinamizador", para diagnosticar doenças medindo as vibrações elétricas em uma gota de sangue. O diagnóstico nem demandava a presença do paciente, mas precisava de um substituto saudável. Imaginem essa cena bizarra: algumas gotas do sangue do paciente eram tratadas com um grande ímã, para limpá-las de vibrações que pudessem confundir o diagnóstico, e depois introduzidas no dinamizador. Um fio desse mecanismo era ligado à testa de um voluntário saudável, que ficava de pé em um disco de metal. Abrams começava a bater levemente no corpo do substituto, num determinado ritmo, até localizar uma área que de certa forma ressoasse com as frequências vibracionais da amostra de sangue. Assim, o órgão enfermo era identificado (e, incidentalmente, também a religião do paciente). Abrams então usava uma segunda máquina, chamada osciloclasto, que sintonizava a freqüência vibracional da doença a fim de curá-la. Foram apresentadas testemunhas da eficácia das máquinas de Abrams, e o dinheiro começou a entrar.

O famoso médico Robert Millikan chamou o osciloclasto de "aparelho que um menino de dez anos construiria para enganar um menino de oito". O *The New York* Times chamou a espondiloterapia de esquema de suntuoso absurdo. A American Medical Association fez cartazes afirmando que os discípulos de Abrams diagnosticavam doenças não existentes e depois faziam fortuna tratando delas. Mas o bom doutor não foi detido, e o negócio floresceu. Quando baixaram a Lei Seca, ele apresentou um aparelho que duplicava a frequência vibracional do álcool, de modo que os "abramsitas" podiam ficar bêbados sem beber. Novas testemunhas foram apresentadas. Finalmente o ceticismo público começou a surgir depois que Abrams diagnosticou câncer generalizado e tuberculose do trato urogenital em uma amostra de sangue de galinha. O interesse desapareceu de todo quando o próprio Abrams contraiu pneumonia e morreu da doença que seu osciloclasto deveria curar com facilidade.

Claro que os aparelhos elétricos dos charlatães não morreram com ele – de fato, proliferaram ultimamente, e pela internet. Você pode comprar um Medicomat, que trata de asma, artrite e hepatite; um aparelho Interro que diagnostica desequilíbrios no corpo e recomenda tratamentos homeopáticos; ou um pingente Q-Link que combate as "formas tóxicas de energia e consiste em uma caixa de plástico, uma volta em espiral de arame de cobre e um chip de computador – uma pechincha de 129 dólares. Depois temos o aliviador de dores Crystaldyne, que garante aliviar as dores associadas a diversas condições, variando da artrite à cólica menstrual. Bom, tive de encomendar um deles. O que consegui em troca de meus 50 dólares de "fundos de pesquisa" foi um acendedor de churrasco de dois dólares. Tudo o que devia fazer para eliminar a dor era apertar aquilo contra minha pele e apertar o botão. O aparelho veio a calhar: eu o usei para substituir o acendedor de minha churrasqueira, que não funcionava.

Atividade X – Pesquisa e Seminário

De acordo com o tema da sua equipe, faça as pesquisas necessárias e traga os dados na próxima aula, para iniciar o preparo de um seminário que será apresentado para os colegas de turma.

Tema 1: Impactos ambientais do descarte inadequado de pilhas e baterias

Pesquise sobre os impactos ambientais causados pelo descarte inadequado de pilhas e baterias.

Quais tipos de pilhas e baterias podem ser reciclados?

Quais são as substâncias presentes nas pilhas que poluem o meio ambiente?

Quais podem ser as consequências dessa forma de poluição?

Tema 2: Processo de reciclagem de pilhas e baterias

Pequise como e ondem deve ser feito o descarte correto de pilhas e baterias usadas.

Existem **cooperativas** ou empresas na região de Pitanga que fazem a reciclagem desse tipo de material?

Como é feito esse processo? Quais metais devem ser neutralizados? Quais são os processos físicos e químicos no processo de reciclagem de pilhas e baterias?

Qual é o destino dos produtos obtidos com a reciclagem?

É um processo economicamente viável para a empresa ou cooperativa?

Capítulo 6

Acidez e Basicidade de Compostos Orgânicos

Tema: Acidez e basicidade dos compostos orgânicos
Curso: Ensino Médio
Componente Curricular: Química
Tempo da aula: 4 horas/aula
Série: 3º ano

Conteúdo

Acidez e basicidade de ácidos carboxílicos, álcoois e aminas.

Pré-requisitos dos alunos

É importante que os alunos tenham estudado anteriormente os conteúdos: classificação periódica e propriedades periódicas dos elementos, equilíbrio químico, constante de equilíbrio de dissociação ácida, conceitos de ácidos e bases de Arrhenius e de Brownsted-Lowry, funções orgânicas oxigenadas (álcoois, fenóis, ácidos carboxílicos) e nitrogenadas (aminas, amidas), estrutura e nomenclatura de compostos orgânicos, noções de reatividade de compostos orgânicos, aminoácidos, proteínas, lipídeos.

Objetivos de aprendizagem

Gerais:

Deseja-se que o aluno consiga avaliar a força de ácidos carboxílicos através de análises da estrutura e a basicidade de aminas. Além disso, que compreenda e consiga prever reações químicas entre ácidos e bases orgânicos.

Específicos:

- Compreender a diferença de acidez de ácidos carboxílicos e álcoois.
- Prever as alterações da acidez de ácidos carboxílicos causados pela presença de grupos retiradores ou doadores de densidade eletrônica.
- Compreender porque as aminas são conceituadas como bases de Bronsted-Lowry e tornam o alcalino o meio aquoso.
- Saber escrever reações químicas entre aminas e ácidos.

Esquema de conteúdo

A sequência de abordagem dos conteúdos seguirá o esquema abaixo:

- Acidez de ácidos carboxílicos e álcoois.
- Reatividade de ácidos orgânicos com bases.
- Efeito indutivo e grupos retiradores e doadores de densidade eletrônica.
- Basicidade de aminas.
- Reação de ácidos com aminas.

Metodologia

Serão usados os recursos didáticos: lousa, giz ou pincel, apagador, material de apoio impresso mostrando efeitos estruturais e equilíbrios de dissociação ácida, materiais para demonstração experimental como: etanol hidratado, vinagre, fita indicadora de pH, béqueres, pissete com água destilada, tubos de ensaio, bandeja metálica e caixa de utensílios.

Será desenvolvida uma aula expositiva contando com a participação dialógica dos alunos. A aula se iniciará com questões problematizadoras relacionando uma substância pertencente à função amina liberada por peixes e a forma de neutralização com ácidos. Algumas questões sugeridas: *Você gosta de pescar? E de limpar os peixes? E preparar/cozinhar peixes? Por quê? Gostam do cheio do peixe que fica nas mãos após seu preparo? Sabem o que fazer pra tirar esse cheiro?* Então, qual pode ser a característica química das substâncias que dão mau cheio aos peixes? O que costuma reagir fácil com ácidos? Isso mesmo, as bases. A principal base que dá o cheiro de peixe é a trimetilamina.

Como atividade de avaliação diagnóstica da turma, serão aplicadas as questões da Atividade I. Será feito a diferenciação da acidez de ácidos carboxílicos e álcoois através da estrutura na lousa e do efeito indutivo retirador de densidade eletrônica (comparação entre ácido acético e etanol). Para facilitar a compreensão, será realizado um teste experimental de medida de acidez do etanol hidratado e de solução de ácido acético (vinagre), utilizando fita medidora de pH, para demonstrar que apenas o ácido acético é ácido. Os efeitos estruturais serão evidenciados com modelos moleculares construídos com bolas de isopor e palitos, com os átomos de oxigênio pintados de cores distintas.

Será projetado o material da Atividade II com os equilíbrios e valores de constantes de dissociação ácida (K_a) para auxiliar na explicação do efeito indutivo retirador e doador de densidade eletrônica, bem como justificar o resultado do teste experimental de pH. Também serão mostradas as reações desses compostos orgânicos com hidróxido de sódio, para justificar que o etanol não reage por não ser considerado ácido (Atividade III).

Para contextualizar o conteúdo, será desenvolvida a Atividade IV sobre a ação dos desodorantes na inibição do mau cheiro da transpiração causadas por ácidos carboxílicos.

Para mostrar como a acidez de uma substância orgânica pode ser alterada mudando algum grupo na estrutura, será exibido o material da Atividade V, além de mostrar com efeito visual na estrutura do ácido acético construído com bola de isopor e bastão, usando cores distintas. Será trocado um hidrogênio por grupo cloro e, depois, por grupo metileno, explicando o efeito indutivo retirador e doador de elétrons na alteração da acidez do hidrogênio carboxílico.

A depender da turma e da profundidade da abordagem, também pode ser ensinado sobre a contribuição do efeito de ressonância na acidez, utilizando as estruturas que constam na Atividade VI. Atividades de fixação devem ser feitas nesta etapa, a exemplo, sugere-se um exercício de fixação (Atividade VII).

Após relembrar o conceito de ácidos e bases de Bronsted-Lowry, será introduzido a basicidade de aminas e sua reatividade com ácidos. Reações de exemplo para serem ensinadas e exercícios de fixação para trabalhar em sala são mostrados na Atividade VIII. Dessa forma, a aula poderá ser concluída solicitando aos alunos que escrevam a reação entre a amina liberada por peixes e o ácido acético usado para sua neutralização, resgatando a discussão do início da aula. Outras atividades propostas (Atividade IX) e complementares (Atividade X) também devem ser solicitadas aos alunos, bem como a proposta de apresentação de seminário sobre a atividade econômica de criação de peixes (Atividade XI).

Avaliação

Os instrumentos propostos buscam avaliar de forma diagnóstica, formativa e somativa, mas eles devem estar alinhados aos critérios de avaliação do processo de ensino aprendizagem contidos no Regimento Escolar ou Projeto Pedagógico do Curso da instituição de ensino.

No início da aula, a retomada de conteúdos importantes como o grupo funcional das aminas, ácidos carboxílicos e álcoois a partir da sua nomenclatura serão analisadas como forma de avaliação diagnóstica da turma (Atividade I). A compreensão dos estudantes também estará sendo avaliada mediante a participação durante a aula e a realização das atividades para entendimento do conteúdo. Ao final da aula, será solicitado a resolução das atividades propostas (Atividade IX), que deverão ser mostradas ao professor na aula seguinte, antes da correção, compondo parte importante da avaliação formativa do aluno.

Como componente somativo, será atribuído conceito ou nota através da apresentação de um seminário em equipe, de acordo com pesquisa realizada pelos alunos conforme temas e orientações constantes na Atividade XI. Posteriormente, o tema da aula também irá compor parte de uma avaliação escrita, em conjunto com outros conteúdos pertinentes.

Como plano de recuperação paralela, será avaliado, com base no desempenho nas avaliações propostas, qual instrumento avaliativo será mais adequado para oportunizar os alunos que não atingiram o aprendizado suficiente. Dentre os instrumentos, poderá ser usado: entrega da atividade complementar (Atividade X) e atividades propostas (Atividade IX), novo seminário individual ou em equipe, teste escrito ou oral, resenha de texto ou artigo científico, relatório de atividade prática, auto avaliação, entre outros, de acordo com o que for mais adequado.

Referências

BROWN, T.; LEMAY, H. E.; BURSTEN, B. E. **Química: a Ciência Central**. 9 ed. Pearson Prentice-Hall, 2005.

CANTO, E.L. **Química na abordagem do cotidiano**, v. 3, 1. ed., São Paulo: Saraiva, 2016.

CANTO, E.L.; PERUZZO, F.M. **Química na abordagem do cotidiano**. v. 1, 4. ed. São Paulo: Moderna, 2010.

FONSECA, M. R. M. **Química: ensino médio**. V.1, 2 ed. São Paulo: Ática, 2016.

GOVERNO DO ESTADO DO PARANÁ. Secretaria de Estado da Educação Básica. **Diretrizes Curriculares da Educação Básica – Química.** Paraná, 2008.

SANTOS, W. L. P.; MÓL, G. (coords.). **Química cidadã: ensino médio**. V.1, 3 ed. São Paulo: Editora AJS, 2016.

SCHWARCZ, JOE. **Barbies, bambolês e bolas de bilhar.** São Paulo: Zahar, 2009, p. 90.

SOLOMONS, T. W. G.; Fryhle, C. B. **Química Orgânica**, v. 1, 9. ed. LTC, 2005.

Atividades propostas para as aulas

Atividade I – Avaliação diagnóstica

1) Você sabe a qual função orgânica a trimetilamina pertence?

2) Baseado nas regras de nomenclatura, você consegue montar a estrutura da trimetilamina? E da metilamina? E do etanol? E do ácido etanoico (ou ácido acético)?

3) Se o que neutraliza os ácidos são as bases, você lembra o que a substância precisa ter para ser considerada uma base? A trimetilamina tem essa característica?

Atividade II – Constantes de Dissociação Ácida (K_a)

$$H_3C-C\begin{smallmatrix}O\\OH\end{smallmatrix} \rightleftharpoons H_3C-C\begin{smallmatrix}O\\O^-\end{smallmatrix} + H^+ \qquad K_a = 1{,}8 \cdot 10^{-5}$$

$$C_6H_5-OH \rightleftharpoons C_6H_5-O^- + H^+ \qquad K_a = 1{,}0 \cdot 10^{-10}$$

$$HOH \rightleftharpoons OH^- + H^+ \qquad K_a = 1{,}0 \cdot 10^{-14}$$

$$H_3C-CH_2-OH \rightleftharpoons H_3C-CH_2-O^- + H^+ \qquad K_a = 3{,}2 \cdot 10^{-16}$$

Fonte: Canto, E.L.do. Química na abordagem do cotidiano, vol. 3, 1. ed., São Paulo: Saraiva, 2016.

Atividade III – Reação de compostos orgânicos com NaOH

$$H_3C-C{\nwarrow}^{O}_{OH} \; + \; NaOH \longrightarrow \; H_3C-C{\nwarrow}^{O}_{O^-Na^+} \; + \; HOH$$

$$\text{C}_6\text{H}_5-OH \; + \; NaOH \longrightarrow \; \text{C}_6\text{H}_5-O^-Na^+ \; + \; HOH$$

$$H_3C-CH_2-OH \; + \; NaOH \longrightarrow \; \textbf{não reage}$$

Fonte: Canto, E.L.do. Química na abordagem do cotidiano, vol. 3, 1. ed., São Paulo: Saraiva, 2016.

Atividade IV – Um pouco sobre a química dos desodorantes

Os ácidos carboxílicos são, em geral, as substâncias responsáveis pelo mau cheiro da transpiração. Um dos principais é o ácido 3-metil-hex-2-enoico.

$$CH_3-CH_2-CH_2-\underset{\underset{CH_3}{|}}{C}=CH-\overset{\overset{O}{\|}}{C}-OH$$

Fonte: Canto, E.L.do. Química na abordagem do cotidiano, vol. 3, 1. ed., São Paulo: Saraiva, 2016, p. 119.

São produzidos por bactérias que se nutrem do material liberado por glândulas das axilas, encontradas em 90% dos homens e 60% das mulheres.

Pode estar presente nos desodorantes:
Substâncias que cujo perfume tenta mascarar o cheiro da transpiração.

Inibidores da atuação dos microrganismos.

triclosan

Substâncias básicas, capazes de neutralizar os ácidos carboxílicos.

Ex. Bicarbonato de sódio ($NaHCO_3$) ou mesmo o Leite de Magnésia ($Mg(OH)_2$).

$$R - C\!\!\begin{smallmatrix}O\\\\OH\end{smallmatrix} + NaHCO_3 \rightarrow R - C\!\!\begin{smallmatrix}O\\\\O^-Na^+\end{smallmatrix} + H_2O + CO_2$$

ácido carboxílico
(responsável pelo
cheiro de suor)

sal orgânico
(sem cheiro)

$$2\,R - C\!\!\begin{smallmatrix}O\\\\OH\end{smallmatrix} + Mg(OH)_2 \rightarrow \left[R - C\!\!\begin{smallmatrix}O\\\\O^-\end{smallmatrix}\right]_2 \left[Mg^{2+}\right] + 2\,HOH$$

ácido carboxílico

sal orgânico

Atividade V – Alteração na acidez através do efeito indutivo

$$Cl - CH_2 - C\!\!\begin{smallmatrix}O\\\\OH\end{smallmatrix} \rightleftharpoons Cl - CH_2 - C\!\!\begin{smallmatrix}O\\\\O^-\end{smallmatrix} + H^+ \qquad K_a = 1{,}3 \cdot 10^{-3}$$

$$H_3C - C\!\!\begin{smallmatrix}O\\\\OH\end{smallmatrix} \rightleftharpoons H_3C - C\!\!\begin{smallmatrix}O\\\\O^-\end{smallmatrix} + H^+ \qquad K_a = 1{,}8 \cdot 10^{-5}$$

$$H_3C - CH_2 - C\!\!\begin{smallmatrix}O\\\\OH\end{smallmatrix} \rightleftharpoons H_3C - CH_2 - C\!\!\begin{smallmatrix}O\\\\O^-\end{smallmatrix} + H^+ \qquad K_a = 1{,}3 \cdot 10^{-5}$$

Aumenta o valor de K_a

Fonte: Canto, E.L.do. Química na abordagem do cotidiano, vol. 3, 1. ed., São Paulo: Saraiva, 2016.

$$Cl \underset{\leftarrow}{-} CH_2 - C \begin{smallmatrix} \nearrow O \\ \searrow O-H \end{smallmatrix} \qquad H_3C \underset{\rightarrow}{-} CH_2 - C \begin{smallmatrix} \nearrow O \\ \searrow O-H \end{smallmatrix}$$

Efeito indutivo eletroatraente	Esta ligação fica enfraquecida.	Efeito indutivo eletrodoador	Esta ligação fica fortalecida.

Grupos com efeito indutivo eletroatraente

$$-F \qquad -Cl \qquad -Br \qquad -I$$
$$-NO_2 \qquad -OH \qquad -CN$$
$$-SO_3H \qquad -COOH$$

Grupos com efeito indutivo eletrodoador

$$-CH_3 \qquad -CH_2-CH_3$$
$$-CH_2-CH_2-CH_3 \quad etc.$$

Atividade VI – Efeito de Ressonância

A ressonância eletrônica estabiliza o ânion acetato:

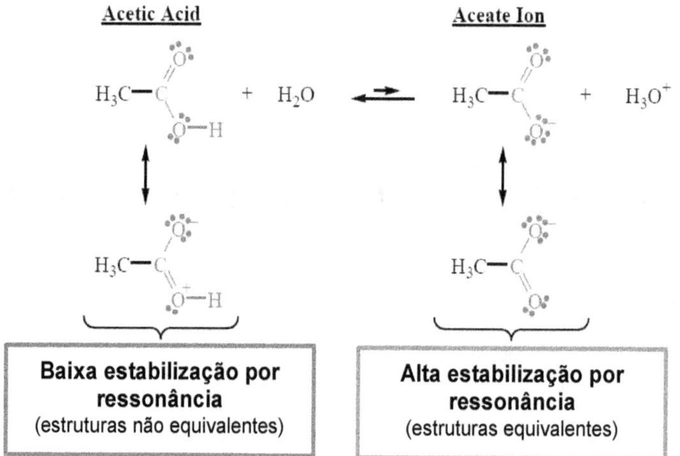

Ânions alcóxidos **não** se estabilizam por ressonância:

$$H_3C-CH_2-\ddot{O}-H + H_2O \;\rightleftharpoons\; H_3C-CH_2-\ddot{O}\!:^- + H_3O^+$$

No resonance stabilization   **No resonance stabilization**

Fontes: BROWN, T.; LEMAY, H. E.; BURSTEN, B. E. **Química: a Ciência Central**. 9 ed. Pearson Prentice-Hall, 2005.
SOLOMONS, T. W. G.; Fryhle, C. B. **Química Orgânica**, vol. 1. 9 ed. LTC, 2005.

Atividade VII – Exercício de Fixação 1

Qual dos ácidos carboxílicos abaixo você espera ser o mais forte e qual o mais fraco?

$HCOOH$ $ClCH_2COOH$ $Cl_2CHCOOH$ $CH_3(CH_2)_2COOH$

Atividade VIII – Basicidade e Reatividade de Aminas

Basicidade de aminas

A amônia (NH_3) é um composto inorgânico, gasoso, que reage com a água, dando origem a íons
OH^- como base conjugada. Isso revela o caráter básico da amônia.

$$NH_3 \; + \; H_2O \rightarrow NH_4^+ \; + \; OH^-$$
base   +   ácido → ác. conj. + base conj.

Dessa maneira, **pode-se esperar das aminas comportamento básico** semelhante ao da amônia.

$$R-NH_2 + H_2O \rightarrow R-NH_3^+ \; + \; OH^-$$
amina primária

Exercício de Fixação 2:
Mostre a reação de uma amina secundária e de uma terciária com água.

$$R\!-\!\underset{\underset{R'}{|}}{N}H + H_2O \rightarrow R\!-\!\underset{\underset{R'}{|}}{N}H_2^+ + OH^-$$

amina secundária

$$R\!-\!\underset{\underset{R'}{|}}{N}\!-\!R'' + H_2O \rightarrow R\!-\!\overset{H}{\underset{\underset{R'}{|}}{N}}{}^+\!-\!R'' + OH^-$$

amina terciária

Reação de ácidos com aminas

Ao reagir com ácido, o H+ se liga ao par de elétrons do nitrogênio, deixando ele com carga +, enquanto o Cl fica negativo. O produto é um sal orgânico (já aprendemos a nomenclatura).

$$R\!-\!NH_2 + HCl \rightarrow R\!-\!NH_3^+Cl^-$$

amina primária

$$R\!-\!\underset{\underset{R'}{|}}{N}H + HCl \rightarrow R\!-\!\underset{\underset{R'}{|}}{N}H_2^+Cl^-$$

amina secundária

Exercício de Fixação 3:
Considerando que você manipulou peixe cru e usou vinagre pra tirar o cheiro de trimetilamina das mãos, mostre a reação que ocorreu?

Atividade IX – Atividades Propostas

1) Considere os seguintes ácidos: HCOOH, CH_3COOH, CH_3CH_2COOH.
   a) Qual dos ácidos mostrados é o mais forte?
   b) Qual dos ácidos mostrados é o mais fraco?
   c) Como você explica a variação da força dos ácidos, observada pelos dados da tabela?

2) (UFES) Considere os ácidos orgânicos e suas respectivas constantes de dissociação (K_a), apresentados na tabela abaixo.

Ácido	K_a
$CH_3(CH_2)_2COOH$	$1,48 \times 10^{-5}$
$ClCH_2COOH$	$1,80 \times 10^{-3}$
$Cl_2CHCOOH$	$5,00 \times 10^{-2}$
CH_3COOH	$1,80 \times 10^{-5}$
HCOOH	$2,10 \times 10^{-4}$

Dê a nomenclatura oficial do ácido mais forte e do ácido mais fraco.

3) (UERJ) Os ácidos orgânicos, comparados aos inorgânicos, são bem mais fracos. No entanto, a presença de um grupo substituinte, ligado ao átomo de carbono, provoca um efeito sobre a acidez da substância, devido a uma maior ou menor ionização. Considere uma substância representada pela estrutura abaixo.

$$X - \underset{\underset{H}{|}}{\overset{\overset{H}{|}}{C}} - C \overset{\displaystyle O}{\underset{\displaystyle OH}{<}}$$

Essa substância estará mais ionizada em um solvente apropriado quando **X** representar o seguinte grupo substituinte:

a) H   **b)** I   **c)** F   **d)** CH_3

4) (UFPE) Ácidos orgânicos são utilizados na indústria química e de alimentos como conservantes, por exemplo. Considere os seguintes ácidos orgânicos:

HO—C=O (I, anel aromático com NO₂ na posição para)

HO—C=O (II, anel aromático com CH₃ na posição para)

HO—C=O (III, anel aromático)

Coloque os ácidos mostrados em I, II e III em ordem crescente de acidez em água.

5) (UERJ) Uma indústria química tem como despejo industrial as substâncias abaixo numeradas:

I. $CH_3 - COOH$

II. $CH_3 - CH_2 - OH$

III. $CH_3 - CH_2 - NH_2$

IV. $CH_3 - CONH_2$

Para processar um tratamento adequado a esse despejo, a fim de evitar agressão ao meio ambiente, foram necessários vários tipos de tratamento. A primeira substância tratada foi a de caráter básico mais acentuado, que corresponde à de número:

a) I   **b)** II   **c)** III   **d)** IV

6) Equacione no caderno a reação de HCl com:
a) etilamina;
b) dimetilamina;
c) trimetilamina.

7) Represente no caderno a fórmula do(s) produto(s):

a) $CH_3CH_2CH_2NH_2$ + HCOOH $\longrightarrow$ produto(s)

b) [anel benzênico]$-NH_2$ + CH_3COOH $\longrightarrow$ produto(s)

c) $CH_3-N(CH_3)-CH_3$ + [anel benzênico]$-COOH$ $\longrightarrow$ produto(s)

8) Qual o nome da amina que, por meio da reação com o ácido clorídrico, produz o sal ao lado?

[anel benzênico]$-\overset{+}{N}H_2-CH_2CH_3\ Cl^-$

9) (Enem-MEC) No ano de 2004, diversas mortes de animais por envenenamento no zoológico de São Paulo foram evidenciadas. Estudos técnicos apontam suspeita de intoxicação por monofluoracetato de sódio, conhecido como composto 1080 e ilegalmente comercializado como raticida. O monofluoracetato de sódio é um derivado do ácido monofluoracético e age no organismo dos mamíferos bloqueando o ciclo de Krebs, que pode levar à parada da respiração celular oxidativa e ao acúmulo de amônia na circulação.

$$F-CH_2-C(=O)-O^-Na^+$$

monofluoracetato de sódio

Disponível em: <www1.folha.uol.com.br>.
Acesso: 5 ago. 2004 (adaptado).

O monofluoracetato de sódio pode ser obtido pela

a) desidratação do ácido monofluoracético, com liberação de água.

b) hidrólise do ácido monofluoracético, sem formação de água.

c) perda de íons hidroxila do ácido monofluoracético, com liberação de hidróxido de sódio.

d) neutralização do ácido monofluoracético usando hidróxido de sódio, com liberação de água.

e) substituição dos íons hidrogênio por sódio na estrutura do ácido monofluoracético, sem formação de água.

Atividade X – Atividade Complementar

Leia o texto abaixo "Comer liguado é uma boa idéia", do livro *Barbies, bambolês e bolas de bilhar* (SCHWARCZ, 2009), no que se discute os benefícios da ingestão de peixes na dieta humana. Depois, responda às questões.

Comer linguado é uma boa idéia

"As sardinhas, Jeeves, coma as sardinhas!" Com essas palavras Bertie Wooster, protagonista das queridas histórias de P.G. Wodehouse, implora ao perspicaz cavalheiro dos cavalheiros para aumentar a rotação de seu motor mental e aplicá-la para libertar seu mestre de outra confusão romântica. Jeeves sempre está à altura da situação e trama algum astuto esquema para livrar o jovem mestre Wooster da enrascada. Se Jeeves realmente se alimenta desses animais das profundezas não fica claro, mas as repetidas referências de Wodehouse ao consumo de peixes e ao poder do cérebro atestam a predominância da crença nesse vínculo. Comer peixe pode nos tornar mais inteligentes? A resposta é talvez.

A primeira tentativa de situar a antiga ideia de que "o peixe é o alimento para cérebro" em bases científicas foi durante os anos 1800, quando um grupo de cientistas descobriu que a molécula-chave para a produção da energia celular – trifosfato adenosina, ou ATP – é rica em fósforo. Já que o ATP nos fornece energia para pensar, e é gasta no processo, esses cientistas afirmaram que sua regeneração era a chave da acuidade mental. E já que o peixe é uma excelente fonte de fósforo, parecia certo que era "o alimento para o cérebro". Hoje os pesquisadores sabem que esse não é o caso. Mas descobriram que outro componente do peixe, uma gordura conhecida como ácido docosahexanóico (DHA), pode desempenhar um papel muito importante na função cerebral.

O cérebro humano é composto de aproximadamente 60% de gordura. De certo modo, somos todos "cabeças de gordura" (Em inglês, *fathead*, "estúpido", (N.T.)). Parece, no entanto, que a composição do tecido cerebral em termos de tipos específicos de gorduras é a chave para prever a destreza cerebral. A pesquisa inicial sugerindo tal conexão centrou-se em macacos; quando esses animais eram alimentados com uma dieta deficiente em DHA, seus cérebros e olhos não se desenvolviam apropriada mente. Isso não é de todo surpreendente, visto que o DHA é a gordura primária e encontrada no cérebro e na retina. De forma interessante, suplementar dieta DHA restaurou o desenvolvimento do cérebro e dos olhos dos macacos, demonstrando que a composição do cérebro responde à ingestão alimentar. E quanto aos seres humanos? Freqüentemente nos dizem que somos o que comemos. Também pensamos com o que comemos?

Alguma evidência interessante aparece quando os epidemiologistas examinam taxas de depressão no mundo todo. Parece que a incidência é 60 vezes maior em alguns países que em outros. Os Estados Unidos e o Canadá estão no topo, enquanto países como Coréia e Japão têm uma incidência muito baixa de depressão. Quando o consumo de peixe é trazido para esse quadro, uma relação notável aparece: países onde as pessoas consomem muito peixe têm baixas taxas de depressão, e países cujos habitantes não consomem peixe exibem taxas mais altas. Além disso, um estudo publicado em *American Journal of Clinical Nutrition* demonstrou um vínculo entre o aumento da depressão nos Estados Unidos e o declínio no consumo de alimentos ricos em DHA. Claro que essas observações não significam necessariamente que comer peixe reduz o risco de depressão, mas parece haver boa evidência a favor dessa conclusão.

Baixas concentrações de uma substância química encontrada no fluido cérebro-espinhal, o ácido 5-hidroxi-indolacético (5-HIAA), foram bem conclusivamente vinculadas à depressão e ao suicídio. Também sabemos que as pessoas cujo plasma sangüíneo contém baixos níveis de DHA mostram baixos níveis de 5-HIAA. Interessante. Consideremos ainda que os pesquisadores da Universidade de Surrey, assim como os de Purdue, vincularam baixos níveis de DHA à dislexia, ao distúrbio do déficit de atenção e à hiperatividade, e mostraram que essas condições são aliviadas quando um suplemento de DHA, agora comercializado como Efalex é administrado. Além disso, um estudo entre mais de mil pessoas idosas, que foram acompanhadas durante nove anos, mostrou que aquelas com níveis altos de DHA no sangue têm mais de 40% de probabilidades de não desenvolver demência, incluindo a doença de Alzheimer. Adicionem a isso resultados de um estudo japonês que demonstrou melhorias na memória recente e na visão noturna em pessoas saudáveis que tomavam suplementos de DHA; e aqueles de um estudo holandês mostrando que, nos homens idosos, a deterioração e o declínio cognitivos estão inversamente associados ao consumo de peixe – e logo aparece um quadro bem consistente: uma função cerebral saudável requer níveis adequados de DHA na dieta.

Se procurarmos outras evidências da importância dessa gordura particular em nossa dieta não precisamos ir além da primeira refeição de nossas vidas. O leite materno é uma fonte concentrada de DHA, provavelmente um reflexo evolutivo da importância dessa gordura no desenvolvimento do cérebro e dos olhos da criança. Na verdade, à medida que novas informações sobre a importância do DHA se acumulam, os fabricantes de alimentos infantis tentam adicioná-la a seus produtos. Mas o que devem fazer os adultos?

Certamente lubrificar nossos cérebros com DHA é uma boa idéia. A melhor fonte dietética dessa substância é sem dúvida alguma o peixe de águas frias, como salmão, atum, cavalinha e arenque. Mesmo que duas refeições por semana possam fornecer DHA suficiente para as necessidades do cérebro, nem todos gostam de peixe. E alguns têm alergia. Essas pessoas estão predestinadas a experimentar um colapso progressivo de sua maquinaria mental? Por sorte, não. Existem outras formas de aumentar os níveis de DHA.

Essa gordura é encontrada em vísceras e em ovos, duas comidas que a maioria das pessoas cortou por medo de elevar o colesterol no sangue; o dramático declínio da ingestão de DHA nos Estados Unidos entre pessoas que não comem peixe pode na verdade estar ligado a essa tendência. A única fonte não-animal de ácido docosahexaenóico é uma espécie de alga marinha, a planta que serve de fonte para DHA na carne dos peixes. Essa uma fonte pouco prática para os homens, mas foram desenvolvidas técnicas para extrair a substância química e formulá-la sob a forma de complemento alimentar. Suplementos de óleo de peixe também estão disponíveis e são uma alternativa a comer peixe, mas não resolvem o problema da alergia, e há a questão do cheiro – uma pequena cheirada é suficiente para fazer babar uma hoste de gatos.

Se os suplementos não atraem, há outra solução. Nossos corpos podem produzir algum DHA se forem alimentados com a matéria-prima certa – a saber, lipídio essencial do ácido alfa-linolênico (ALA). Essa substância é encontrada em favas de soja, canola, nozes que crescem em árvores e, particularmente, na linhaça. Cozinhar com óleo de canola, fazer um molho de salada com óleo de linhaça e petiscos de nozes deveriam deixar o cérebro bem lubrificado. Que tal uma salada de pinhões e um molho de óleo de linhaça? Se nem isso parece atraente, então você terá de procurar a pesquisa desenvolvida na Universidade Guelph, onde os cientistas dão comida de peixe ao gado, na tentativa de aumentar o conteúdo de DHA da carne. Aparentemente funciona, e não foram observadas alergias a essa carne.

Tudo isso, admito, soa um pouco complicado. Talvez porque acho alguns dos aspectos da pesquisa bem desorientadores e difíceis de interpretar. Mas tenho uma desculpa. Vejam vocês, meu cérebro pode não estar bem lubrificado por causa da alergia. Não como peixe desde pequeno.

No texto "Comer liguado é uma boa idéia", do livro *Barbies, bambolês e bolas de bilhar* (SCHWARCZ, 2009), discute-se os benefícios da ingestão de peixes na dieta humana. Sobre isso, responda:

1) Quais são os principais benefícios da ingestão de DHA? Quais são os alimentos que contém essa substância?

2) Se a ingestão de DHA não for possível, quais alimentos podem ser ingeridos para que nosso organismo o produza? Qual é a substância presente nesses alimentos que atua na síntese do DHA?

3) São citados no texto dois ácidos: o ácido docosahexanóico (DHA) e o ácido alfa-linolênico (ALA). Procure e desenhe a estrutura desses ácidos. Qual é o grupo funcional que os torna ácidos? Eles são ácidos orgânicos fortes ou fracos?

4) O texto cita outra substância, que é fornece energia para nossas células: o trifosfato adenosina, ou ATP. Qual é a estrutura do ATP? Quais grupos funcionais estão presentes nela? Ela possui algum grupamento que pode ser atuar como uma base orgânica? Qual?

Atividade XI – Seminário: a atividade psiculturista na sua região

A equipe deverá desenvolver uma pesquisa para apresentação na forma de seminário para à turma. A participação e discussão também fará parte da avaliação. O tema será a respeito da *atividade psiculturista na sua região.*

Qual é a produção anual de peixes (busque no IBGE)? Monte gráficos, se possível.

Qual é a importância econômica dessa atividade para o município?

Existem cooperativas de piscicultores na região? Como é feito a comercialização do peixe?

Quais são os cuidados que se deve ter na produção?

Quais os cuidados físico-químicos da água dos tanques?

Quais são os fatores que influenciam na composição química do pescado?

Quais são os benefícios dos peixes na alimentação? (dica: leia o texto do material complementar)

BIBLIOGRAFIA PARA CONSULTAR

ATKINS, P. W. Atkins, físico-química, vol. 2, Rio de Janeiro: LTC, 2008.

BALL, D. W. Físico-Química, vol. 1, São Paulo: Cengage Learning, 2014.

BIANCHI, J.C.A.; ALBRECHT, C.H.; MAIA, D.J.. Universo da Química. Vol. único. 1ed., São Paulo: TFD, 2005.

BRASIL. Ministério da Educação. Secretaria de Educação Fundamental (SEF). Parâmetros curriculares nacionais: ciências naturais. Brasília: MEC/SEF, 2000.

BRASIL. Secretaria de Educação Média e Tecnológica. Parâmetros Curriculares Nacionais: ensino médio. Ciências da natureza, matemática e suas tecnologias. Brasília: MEC, 2000.

BROWN, T. L. Química, a ciência central. São Paulo: Pearson Prentice Hall, 2005.

CANTO, E. L. do. Química na Abordagem do Cotidiano, v. 2: ensino médio, 1. ed., São Paulo: Saraiva, 2016.

CARVALHO, G.C.; SOUZA, C.L. Química de olho no mundo do trabalho. São Paulo: Scipione, 2003.

CARVALHO, J. M. de. Cidadania no Brasil: o longo caminho. 2 ed. Rio de Janeiro: Civilização Brasileira, 2002.

CHASSOT, A. A Ciência através dos tempos. São Paulo: Moderna, 1995.

CHASSOT, A. Catalisando transformações na educação. Ijuí: Unijuí, 1993.

FELTRE, R. Química, vol2. Físico-Química, 6 ed., São Paulo: Moderna, 2004.

FONSECA, M. R. M. da. Química – Martha Reis, v.1, 2 e 3: ensino médio, 1.ed., São Paulo: Ática, 2016.

FONSECA, M.R.M da. Química Integral. Vol. ún., São Paulo: FTD, 1993.

FONSECA, M.R.M. da. Química Integral, 2º grau. vol. ún. Martha Reis. São Paulo: FTD, 1993.

FRANCISCO, C. M. e PEREIRA, A.S. Supervisão e Sucesso do desempenho do aluno no estágio, 2004. Disponível na internet.

GOI, M.E.J.; SANTOS, F.M.T. dos. Reações de Combustão e Impacto Ambiental por meio de Resolução de Problemas e Atividades Experimentais. Química Nova na Escola.   Vol. 31, n° 3, ago, 2009.

LARA, M. S.; DUARTE, L. G. V. A contextualização na formação de professores de química. ACTIO, v. 3, n. 3, p. 173 - 196, 2018.

LENZI, E.; FAVERO, L. O.; TANAKA, A. S.; VIANA FILHO, E. A.; SILVA, M. B.; GIMENES, M. J. Química Geral Experimental. 2. Ed., Rio de Janeiro: Freitas Bastos Editora, 2012.

LIMA, J.de F.L. de; PINA, M.do S.L.; BARBOSA, R.M.N.; JÓFILLI, Z.M.S. A Contextualização no Ensino de Cinética Química. Química Nova na Escola, n.11, mai, 2000.

LUDWIG , A. C. W. Educação para o trabalho e educação para a cidadania . Revista Educação e Políticas em Debate, v. 11, n. 3, p. 1207–1222, 2022. DOI: 10.14393/REPOD-v11n3a2022-64470.

MILLER, G. T.; SPOOLMAN, S. E. Ciência Ambiental. São Paulo: Cengage Learning, 2015.

MOTA, C.J.A; ROSENBACH, N.; PINTO, B.P. Química e Energia: Transformando Moléculas em Desenvolvimento. Coleção Química no Cotidiano. Vol. 2. São Paulo: Sociedade Brasileira de Química, 2010.

NELSON, D. L.; COX, M. M. Lehninger: Princípios de Bioquímica. 4 ed. São Paulo: Sarvier, 2007.

OHLWEILER, A. O. Fundamentos de Análise Instrumental. Rio de Janeiro: LTC, 1981.

PERUZZO, T. M.; CANTO, E. L. Química na abordagem do cotidiano. Vol. 2, Físico-Química, 2 ed., São Paulo: Moderna, 2004.

RANGEL, R. N. Práticas de físico-química. 3 ed., São Paulo: Blucher, 2006.

SANTIAGO, M. C.; ANTUNES, K. C. V.; e AKKARI, A. Educação para a cidadania global: desafios para a BNCC e formação docente. Revista Espaço do Currículo, v.13, n. especial, 687-699, 2020. doi.org/10.22478/ufpb.1983-1579.2020v13nEspecial.54368

SANTOS, A.B. dos. Aulas práticas e a motivação dos estudantes de ensino médio. XI Encontro de Pesquisa em Ensino de Física. Curitiba, 2008.

SANTOS, W. P., MÓL, G. S. Química Cidadã: reações químicas, seus aspectos dinâmicos e energéticos; água e energia. Vol. 2, 1 ed., São Paulo: Nova Geração, 2010, p. 135-173.

SANTOS, W.L.P. Contextualização no ensino de ciências por meio de temas CTS em uma perspectiva crítica. Ciência e Ensino, vol. 1, 2007.

SANTOS, W.L.P.; MÓL, G.S. Química Cidadã – reações químicas, seus aspectos dinâmicos e energéticos – água e energia. Vol.2. 1 ed. São Paulo: Nova Geração, 2010.

SANTOS, W.L.P.; SCHNETZLER, R.P. Ensino de química e cidadania. Química Nova na Escola, n.4, p. 28-34, nov,1996.

UNESCO. Education 2030. Déclaration d'Incheon. Vers une éducation inclusive et équitable de qualité et un apprentissage tout au long de la vie pour tous. Paris: UNESCO, 2015.

USBERCO, J.; SALVADOR, E. Química Essencial. 1 ed. São Paulo: Saraiva, 2001.

USBERCO, J; SALVADOR, E. Química. Vol. un. 5. ed. São Paulo: Saraiva, 2002.